既有住宅贴建小型化适老电梯

设计图集

清华大学建筑学院
建研（北京）抗震工程结构设计事务所有限公司　编著

中国建筑工业出版社
CHINA ARCHITECTURE & BUILDING PRESS

编制说明

《既有住宅贴建小型化适老电梯设计图集》2019 年 1 月在中国老年学和老年医学学会立项，将作为团体标准《既有住宅贴建小型适老化电梯设计导则》的配套图集。

在我国步入小康社会以及老龄化社会到来之际，既有多层住宅增设电梯成为民众关注和期盼的热点。在城市中现存的大量老旧小区中，垂直交通不便，一直是困扰居民，尤其是行动不便的老年人的重要生活“痛点”。我国 20 世纪 80 和 90 年代建设的城市住宅总量约 80 亿平方米，涉及住户约 7000 万户到 1 亿户，人口 2 亿 ~3 亿。因此，多层住宅加装电梯是我国步入老龄化社会后巨大的刚性需求，是实现居家养老的基本物质保障。但以往的老年建筑相关规范、图集中，对住宅电梯的空间尺寸要求较高，只能对新建住宅项目形成指导，而在既有建筑改造项目则难以实施。各地近期纷纷出台的加装电梯导则、图集则多是关注政策引导层面，缺乏项目落地的指导。因此，编制本技术图集的需求十分迫切。

编制团队承担了国家“十三五”重点研发计划 “既有居住建筑宜居改造及功能提升关键技术” 项目的课题——“既有居住建筑电梯增设与更新改造关键技术研究与示范”，并得到了国家“十三五”重点研发计划资助，研发了既有住宅增设小型适老电梯的相关技术。本图集即是课题成果之一。

另外，由于既有住宅加建电梯已成为社会热点问题，关心此问题的读者群体不仅是建筑、结构、机电方面的专业人士，还包括政府部门和社会大众，其中绝大多数是老年人。为此，本图集在多数图集常用的技术图纸展现之外，增加了大量三维图纸展现、对照实物照片的说明，以及漫画插画说明等，力求满足不同读者的阅读需求。

本图集中的标高以米为单位，除注明单位者外，其他尺寸均以毫米为单位。本图集中的加梯是加装电梯的简称，不是指加装楼梯。

主编单位 清华大学建筑学院
建研（北京）抗震工程结构设计事务所有限公司
参编单位 北京建筑机械化研究院有限公司
清华大学建筑设计研究院有限公司
康力幸福加装电梯有限公司
福州快科电梯工业有限公司
编写设计 程晓喜 张 弘 王丽方 衣洪建 朱 宁 王 强 张 凡 恩 旺 韦 峰
图纸绘制 秦 朝 刘嘉琪 胡 颢 陈雪丰 王旭东
编辑排版 王宇帆 赵孟瑜 马傲雪 施鸿锚

本图集是为既有住宅适老化改造提供的增设电梯方案。考虑到各种复杂的实际情况，小型化电梯是普遍适用的解决方案。因此，本图集重点突出“小型化”“适老性”，在合理的拆改加固前提下增设电梯，尽可能减少对既有住宅其他使用条件的影响。

既有住宅多种多样，政府推广多层住宅增设电梯，能否采用统一的加梯形式？

我们对全国各地既有多层住宅进行了调研，发现单元平面形式主要有梯间式和廊式两种。梯间式又可以分为双跑楼梯间和单跑楼梯间两种。其中，双跑楼梯间是既有住宅中总量最大的形式，也是加梯相对困难的形式。因此，我们希望通过一种相对固定的解决方案实现双跑楼梯间单元的加梯。

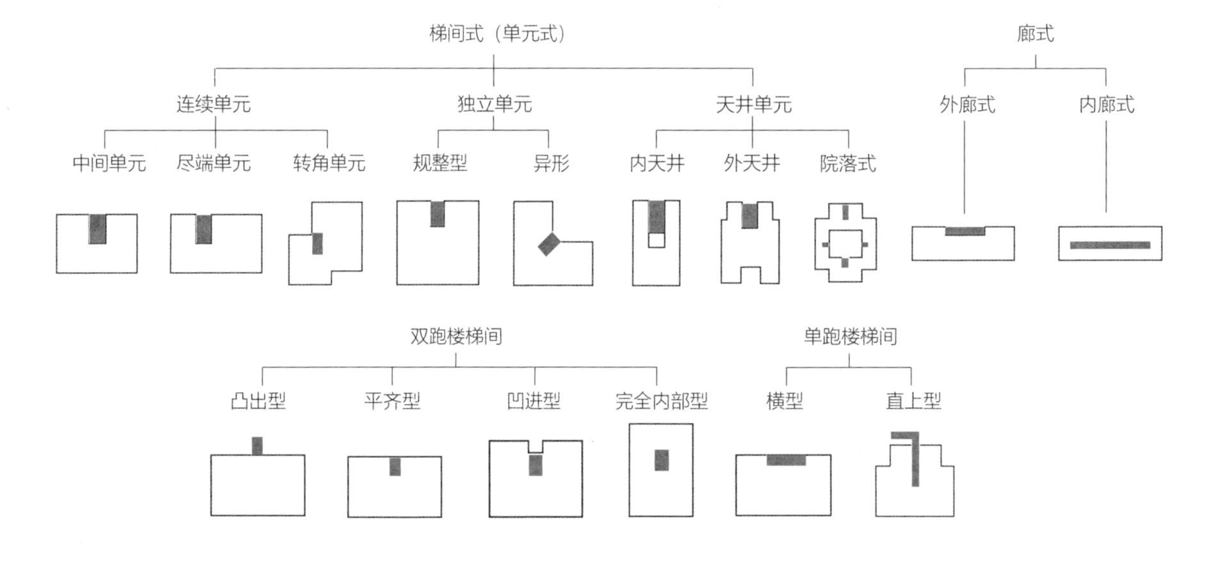

现有的加设电梯模式主要分为平层加梯和错层加梯两种模式。
平层加梯加建在哪儿呢？

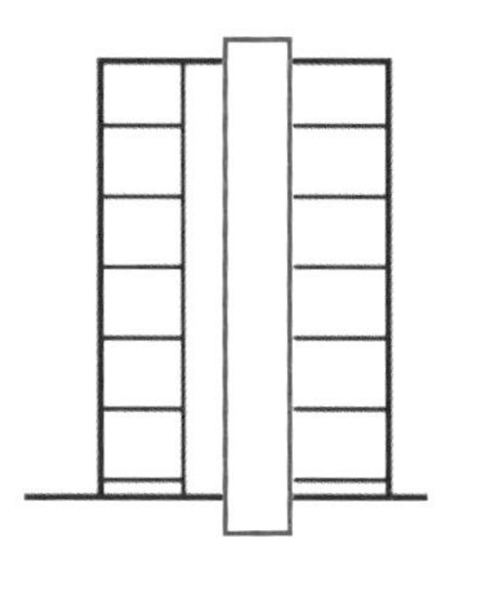

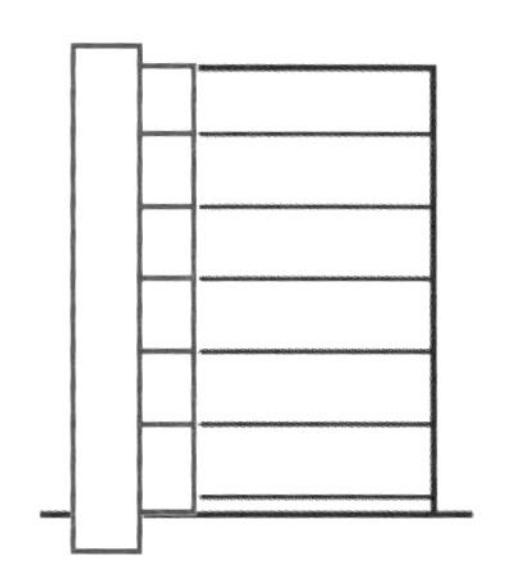

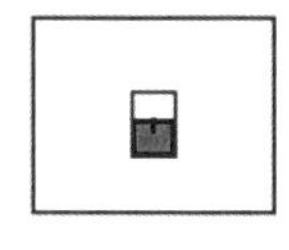

个别单元平面留有内天井
可供平层加梯

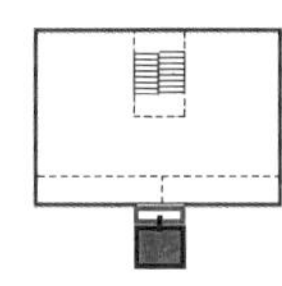

通过额外的公共连廊
实现平层加梯

在实际统计中，能够实现平层加梯的案例较少，但本图集介绍的小型化电梯方案可以适用。

要点说明

平层加梯电梯停靠在入户层，根据楼梯间类型不同，有不同情况：单跑楼梯间住宅电梯停靠在入户层较方便，但此类情况较为少见；较多见的是双跑楼梯间住宅，一般在南侧或北侧居室外或阳台增设电梯厅和电梯。

对于双跑楼梯，错层加梯较为常见，一般电梯停靠在楼梯间层间休息平台，有直接贴建于楼梯间外墙、增设电梯厅贴于楼梯间外墙、利用楼体凹进部分加梯 、楼梯间休息平台增设连廊等方式。

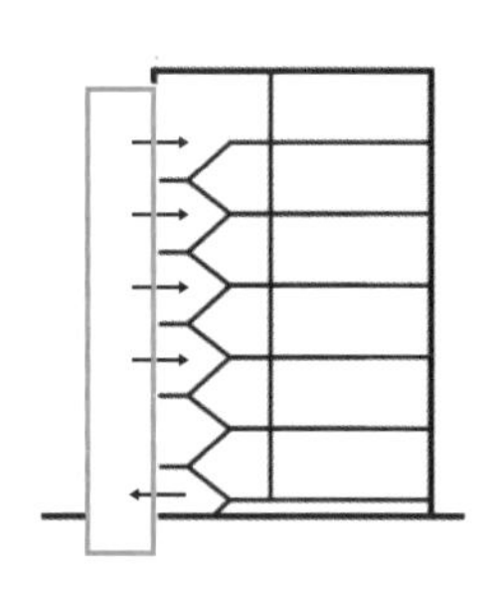

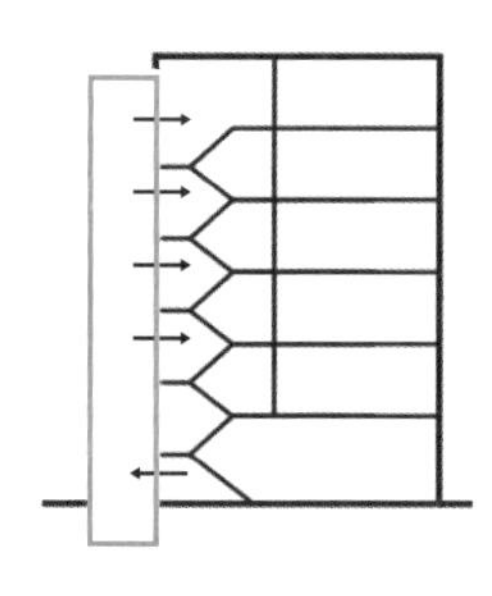

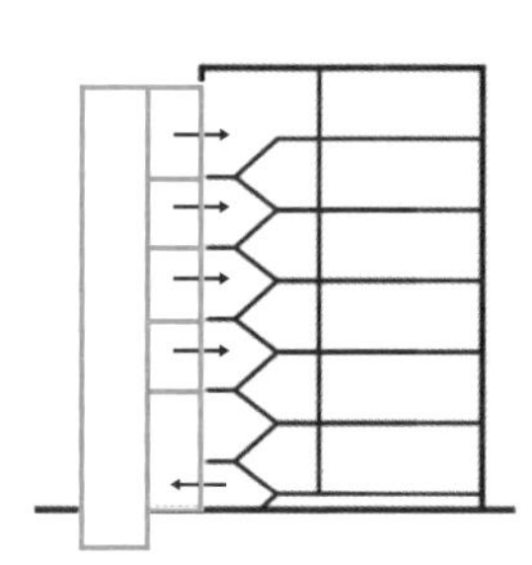

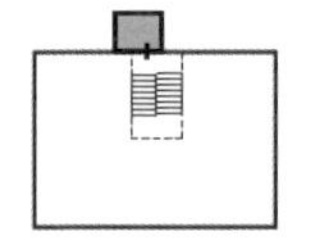

电梯直接对休息平台开门

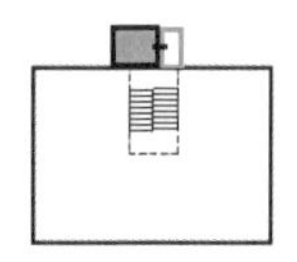

电梯开门在贴建的电梯厅

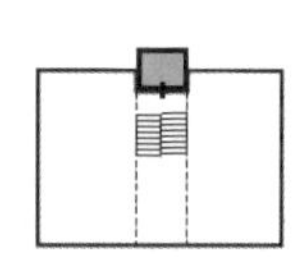

凹进式楼梯间贴建电梯需保证一楼有额外单元出入口

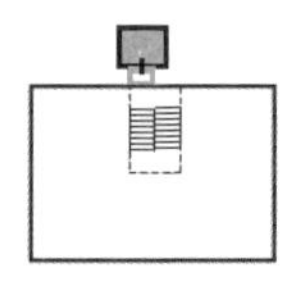

电梯通过连廊与楼梯间休息平台连接

对我们老年人来说，当然是平层加梯使用更方便。为什么看到的很多加梯实例都没能做到平层呢？

在什么位置加建电梯，是平层还是错层加梯，主要取决于原有楼体的条件。

采用平层加梯还是错层加梯，首先要研究原有楼体的特点，比如一梯两户的单元和一梯三户的单元就很不同。

一梯两户户型外部平层加梯可能性

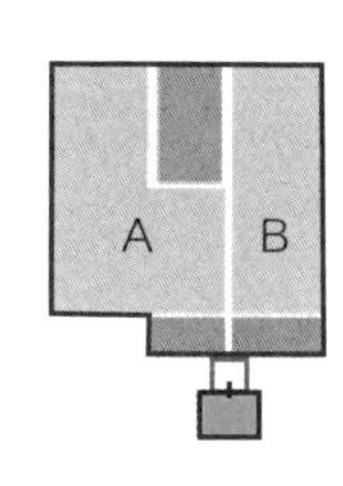

(a) 同单元通过南侧连廊平层加梯

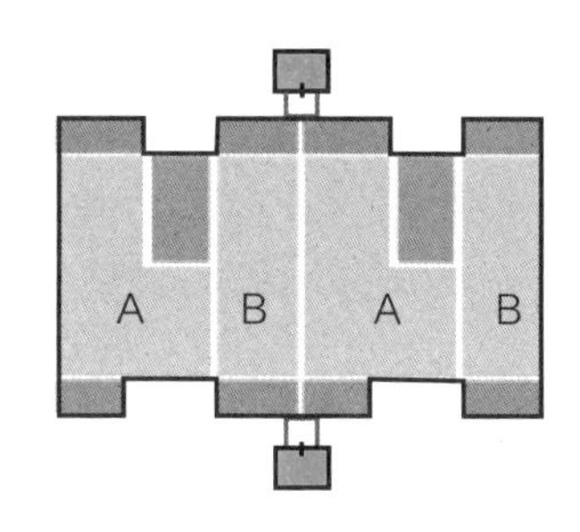

(b) 相邻单元通过北侧或南侧连廊平层加梯

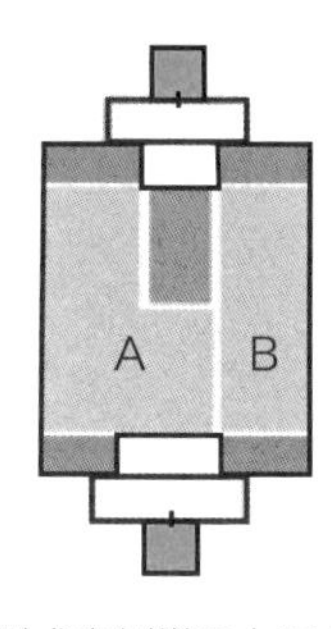

(c) 在北侧或南侧增设大平台平层加梯

要点说明

对于一梯两户双跑楼梯间多层住宅，平层加梯一般在阳台外增设电梯，分为增设电梯厅和连通平台等方式。这些方式需要增加的面积大，对楼体外部环境要求高、工程量大、造价高，加梯后对居室内格局影响比较大，加梯过程对住户生活的打扰也比较多。但总体而言，一梯两户的单元还是有可能实现平层加梯的。

要点说明

对于一梯三户以上双跑楼梯间多层住宅，由于各户之间不存在公共界面，一个单元一部电梯，无法连接所有住户，对于这类多层住宅一般仅能采取错层加梯的方式。

对于一梯三户双跑楼梯间多层住宅，当采用楼体外部加梯时，由于无法顾及中间户，无法在北侧（楼梯间侧）平层加梯；而在南侧由于三户间不存在公共节点，需增设连通平台或者增设多个节点才可以实现平层加梯，对于中间户影响极大。

只有当楼体内部存在天井等加梯空间，才可能考虑内部平层加梯。

因此，对于一梯三户及以上双跑楼梯间多层住宅，在楼梯间处错层加梯为首选方式。

一梯三户及以上户型外部平层加梯可能性

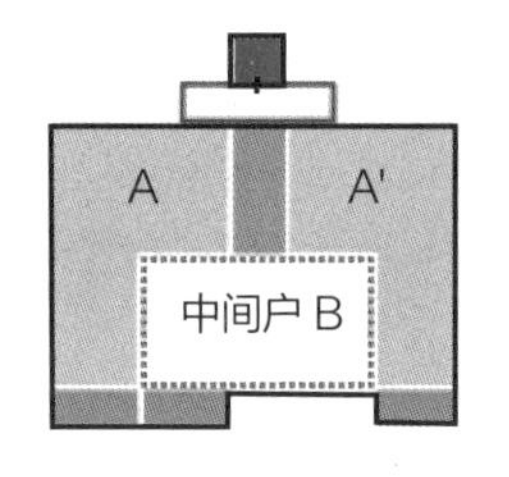

(a) 北侧平层加梯无法顾及中间户

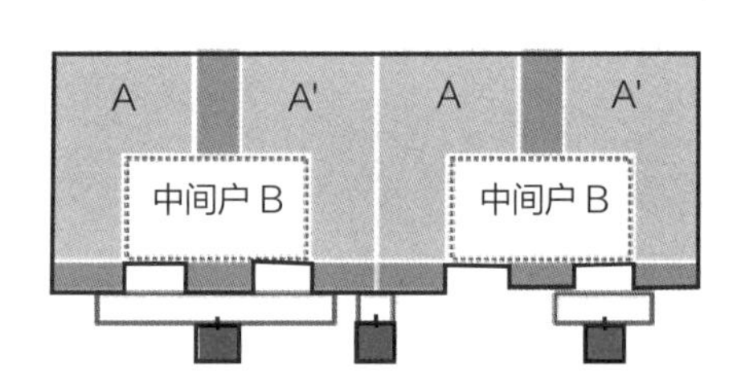

(b) 南侧平层加梯需增设大平台或多处节点

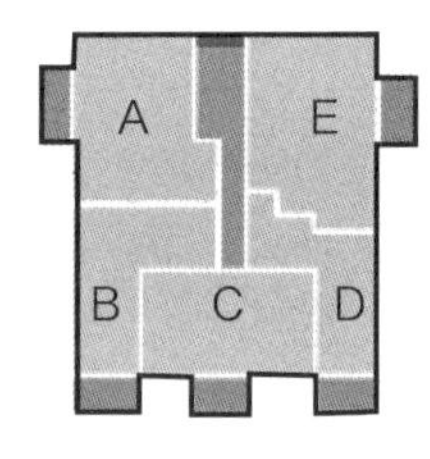

(c) 一梯多户唯一公共外墙为楼梯间外墙

实际上，错层加梯也有优势，比如安装操作面主要在楼梯间外墙面，施工和运行过程对住户打扰都相对较小。

错层加梯可以适用于所有的双跑楼体间吗？那我家单元一定可以加梯了？

双跑楼梯间外墙与楼体的关系可以分为平齐、凸出、凹进和特殊型四种类型。只要不是凹进型的，就很有希望了。我们的方案示例1基本都可以适用。凹进型的，对楼体尺寸要求比较高，我们的方案示例2可以作为参考。

双跑楼梯间类型

(a) 平齐型楼梯间

(b) 凸出型楼梯间

(c) 凹进型楼梯间

(d) 特殊型楼梯间

错层加梯的可能性

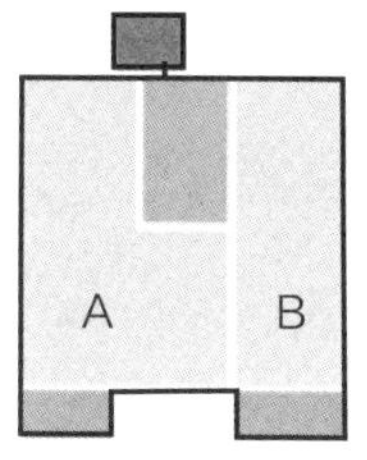

可直接贴建

(a) 平齐型楼梯间

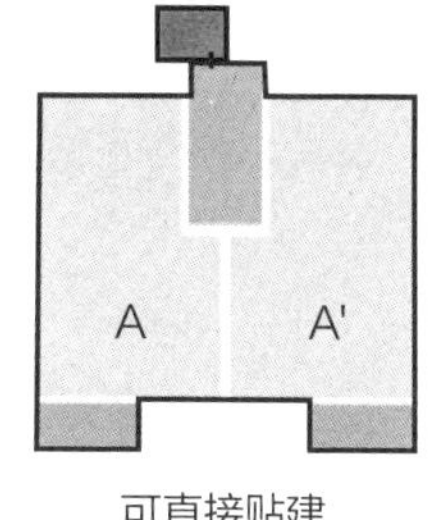

可直接贴建

(b) 凸出型楼梯间

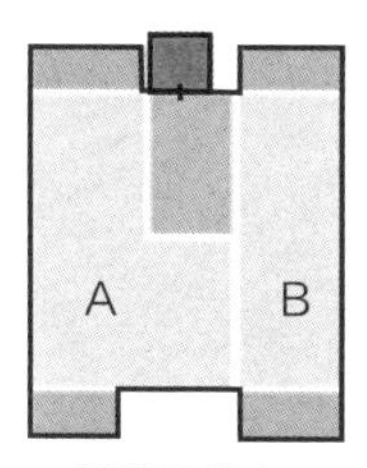

贴建需核实疏散宽度

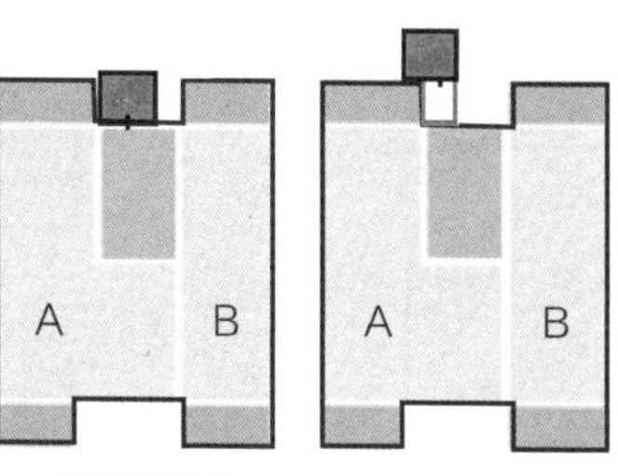

一般首层需有其他出入口

通过连廊连接

(c) 凹进型楼梯间

要点说明

根据双跑楼梯间外墙与楼体的关系，可将双跑楼梯间分为四种类型：平齐型、凸出型、凹进型、特殊型。

平齐型楼梯间和凸出型楼梯间采用错层加梯一般均可适应。

凹进型楼梯间和特殊型楼梯间由于空间局限，往往难以同时容纳贴建电梯并保留单元出入口，需要采用连廊等辅助结构才能和电梯连接。

特殊型楼梯间需要针对具体情况考虑，尤其是处在边缘、拐角等位置的特殊情况，加梯难度较大。

目前，凹进型和特殊型楼梯间还不能采用统一的加梯方式简单处理。

本书介绍的小型化适老电梯主要适用于平齐型楼梯间和凸出型楼梯间的错层加梯。

一梯两户户型加梯示例

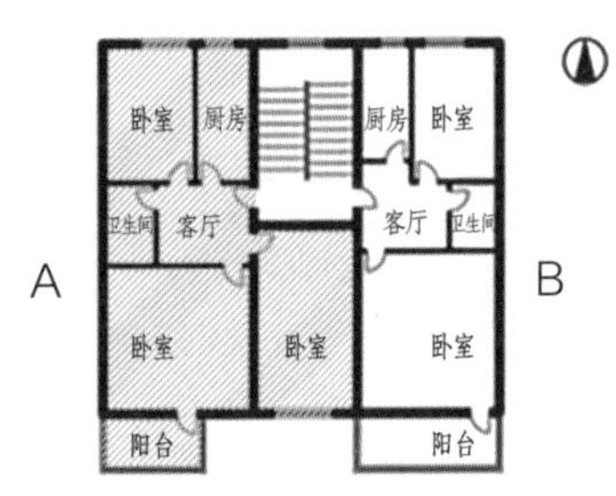

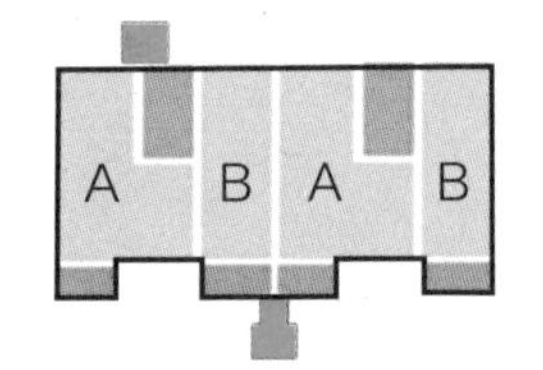

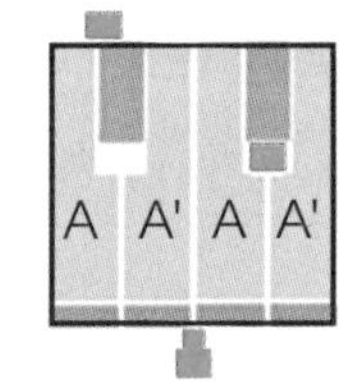

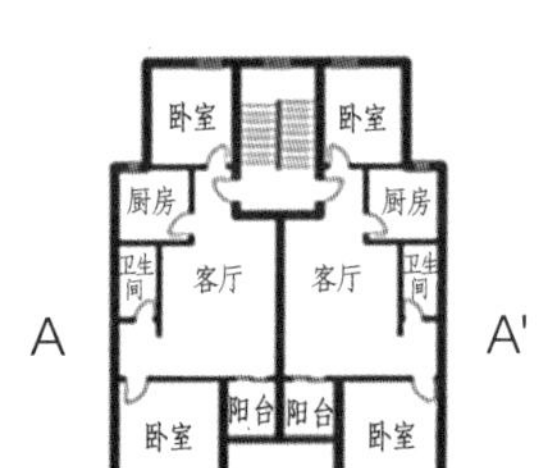

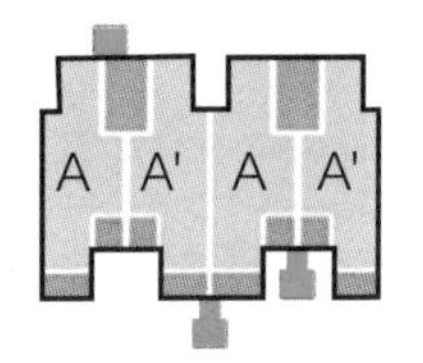

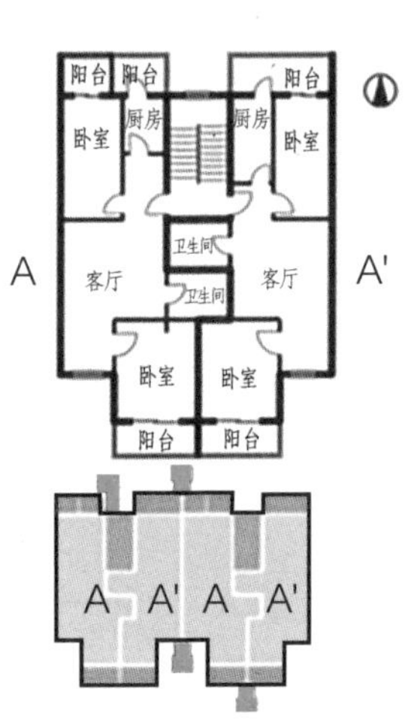

这些是常见的一梯两户的单元平面，可以看到加装电梯的可能性比较多，除了在北侧楼梯间外墙做错层加装，也有可能在南北侧阳台、内部天井等位置做平层加装。对具体情况要进一步分析。

一梯三户及以上户型加梯示例

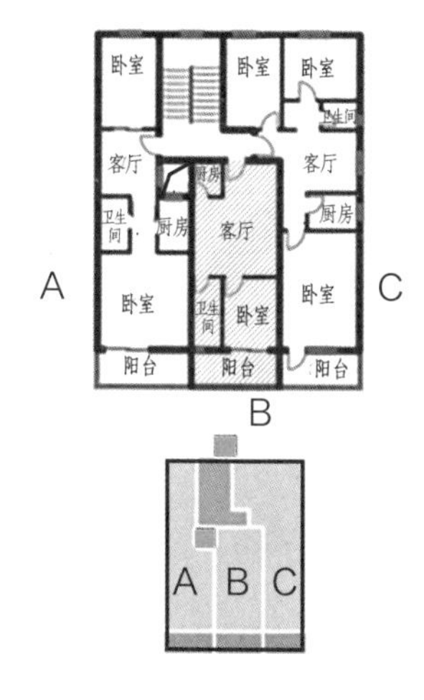

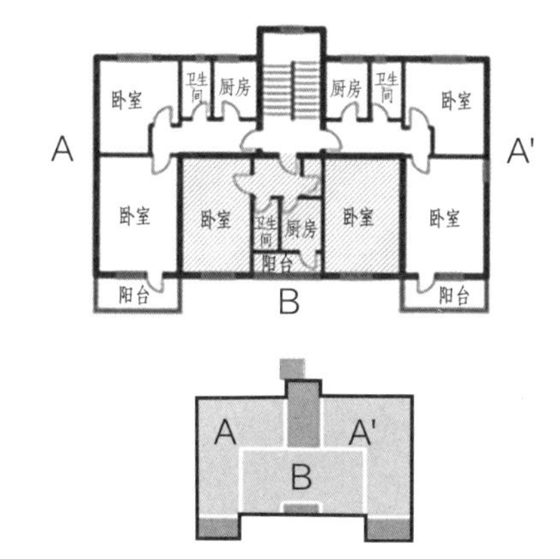

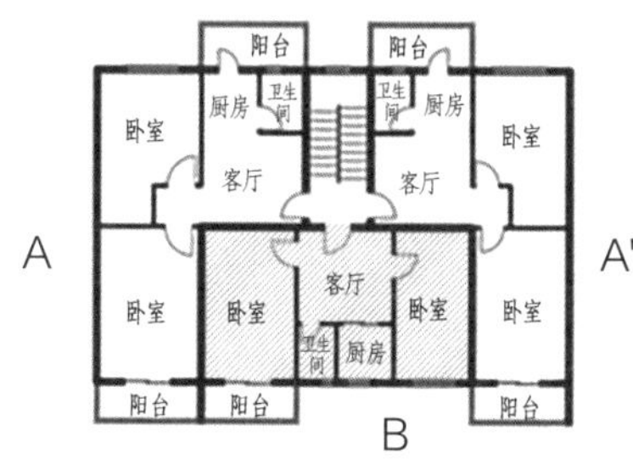

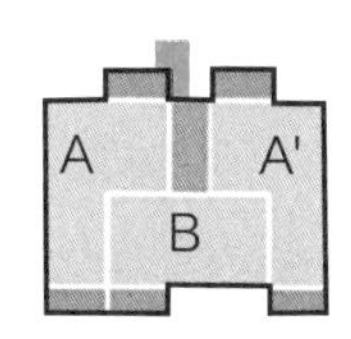

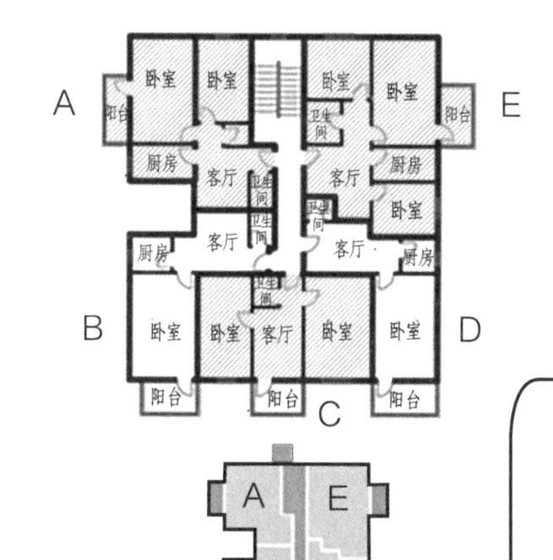

这些是常见的一梯三户和三户以上的单元平面，可以看到加装电梯的可选位置就不多了，基本只能在北侧楼梯间外墙做错层加装，其他位置都难以满足各户一起使用的要求。

加梯使各方投入都很大，为什么不做一个大一点儿的电梯，比如担架电梯，实现一次到位？

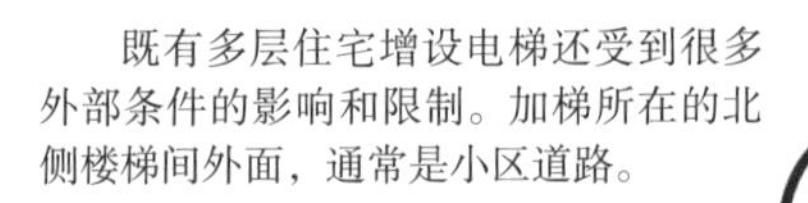

《城市综合交通体系规划标准》GB/T 51328—2018 规定了若宅前现状为人行道路，增设电梯后应满足人行道最小宽度不得小于 2.5m；若宅前现状为车行道路，增设电梯后应满足《建筑设计防火规范》GB 50016—2014（2018 年版）中消防车道净宽度不得小于 4m 的规定。此外，《城市居住区规划设计标准》GB 50180—2018 中规定了组团道路及宅间小路距离构筑物距离应大于 2m。当原小区道路宽度不符合规范要求时，因加装电梯需要改道时，改道后的道路宽度不得小于原道路宽度。电梯首层开门不宜紧临车行道，若紧邻车行道，应设护栏等安全防护措施。

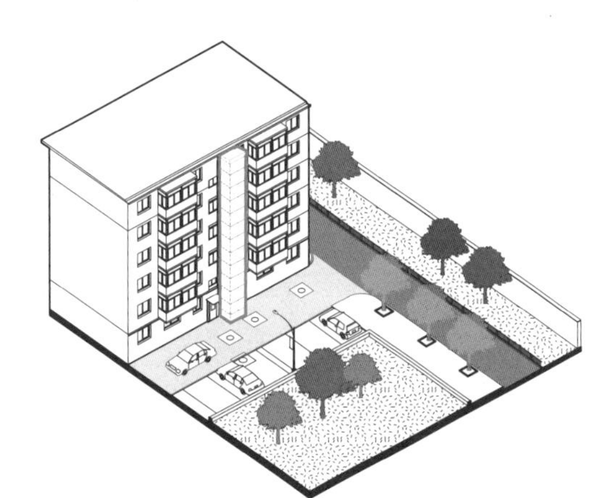

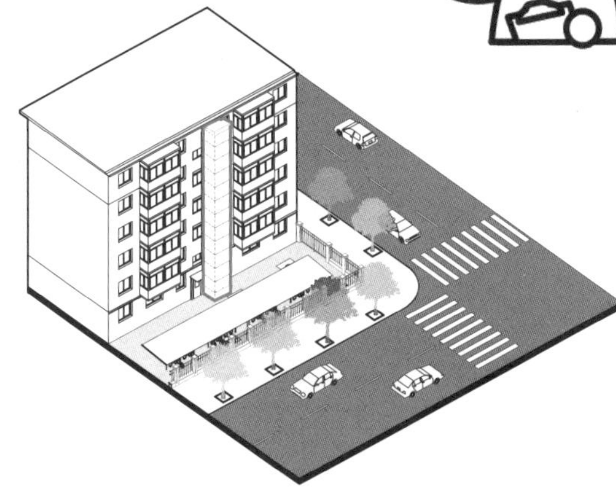

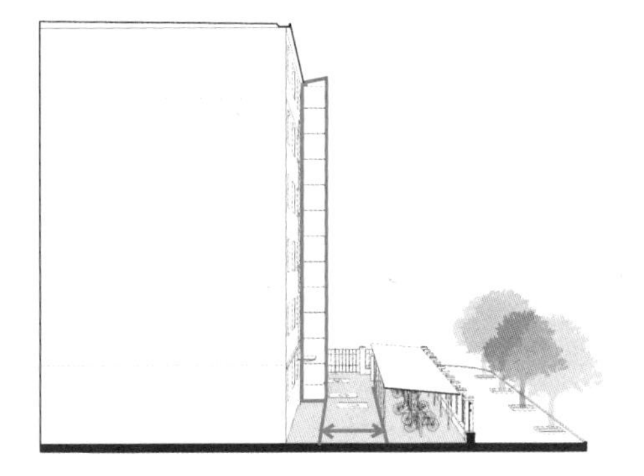

（a）加梯后人行道宽度不应小于 2500mm

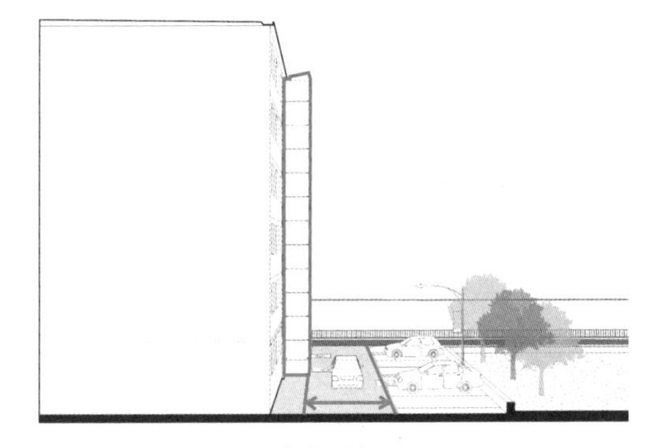

（b）加梯后车行道宽度不应小于 4000mm

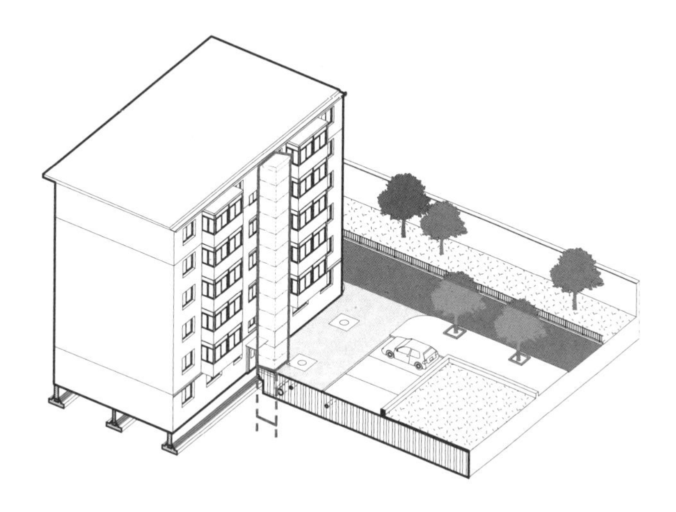

（a）错层贴建加梯影响楼梯间外 1800mm 范围内横向管线

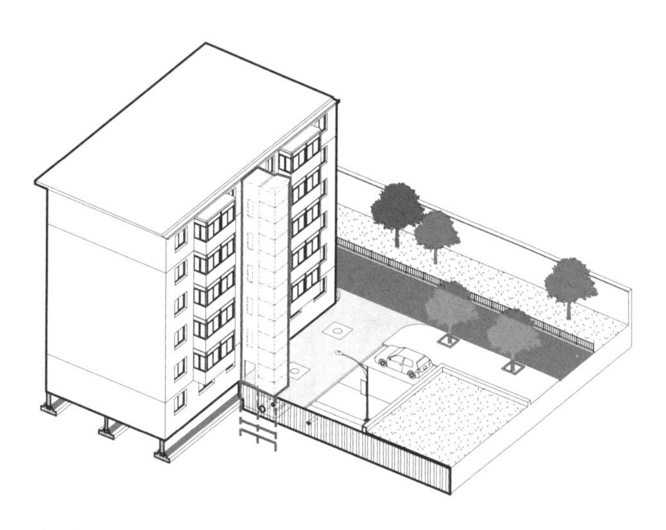

（b）错层连廊加梯影响楼梯间外 1500~3500mm 范围内横向管线

既有多层住宅北侧通常也是地下管线集中的区域。加梯要尽可能避免和已有的管线发生冲突。

既有多层住宅水、暖、燃气、电等设备入户普遍采用沿楼体周边直埋式管道敷设方式。楼梯间处增设电梯井道，常与既有管线发生冲突，需要迁改管线。地下改管费用在总建设费用中比重较高，煤气、燃气管改造难度相对水管类难度较大，时间更长，施工对居民生活影响大，因此应通过减小增设电梯梯井的进深以尽量减少或避免地下管线移位。

加梯形式、位置、电梯外部尺寸以及施工方法受到住宅外围环境限制。一般情况下，北侧楼梯间外部空间为单元入口侧，道路为车行道和人行道均较常见；为保证居室内私密性，多层住宅南侧外部空间常设置绿化，道路为人行道。加梯前需要对包括周边道路类型、绿化、构筑物等进行现场勘查。

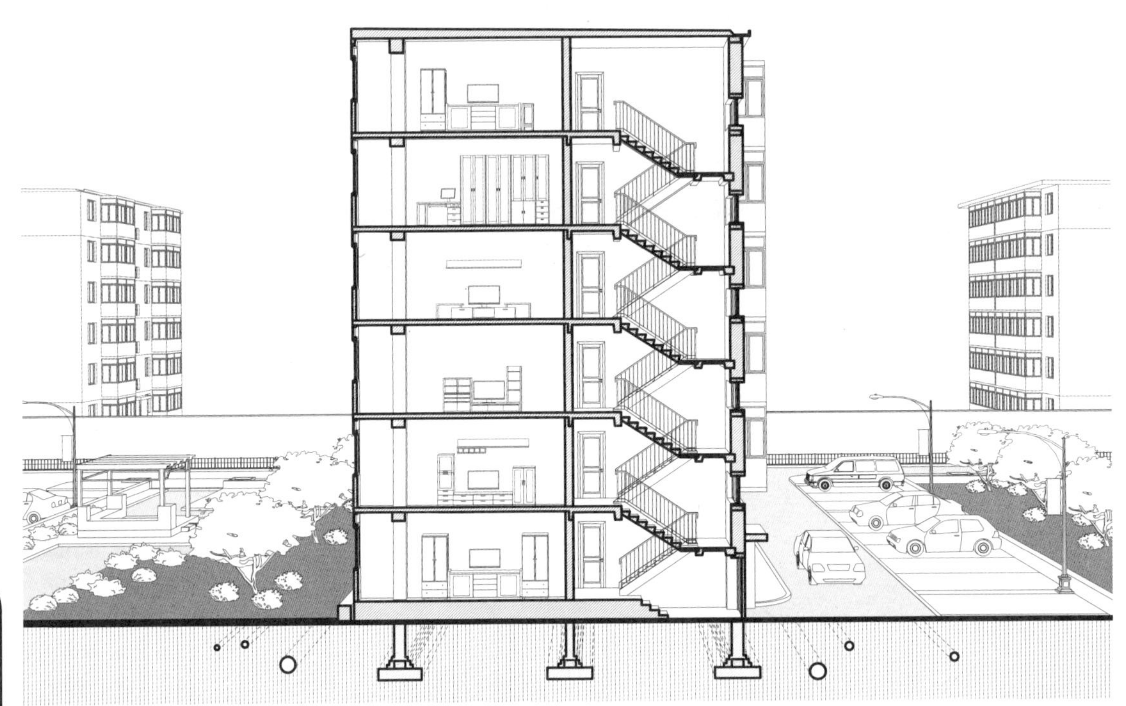

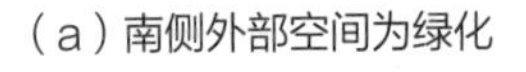

（a）南侧外部空间为绿化

（b）南侧外部空间为窄路

（c）北侧外部空间为车行路

（d）北侧外部空间为人行路

若梯井不能太长，宽一点儿也可以做大呀？楼梯间的宽度一般有 2.4~2.7m，对电梯来说不算小了。

贴建式井道不能占用楼梯间的全宽。加梯不应降低原楼梯间的消防疏散条件和排烟条件，首层单元门即疏散外门的净宽度不应小于 1.1m。因此，电梯与楼体相接界面的尺寸设计非常关键。

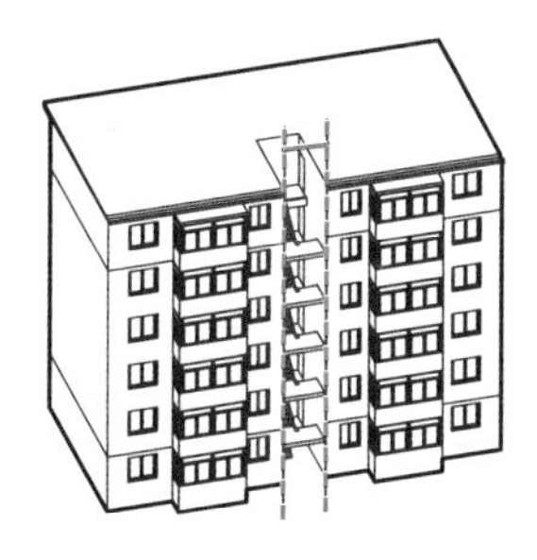

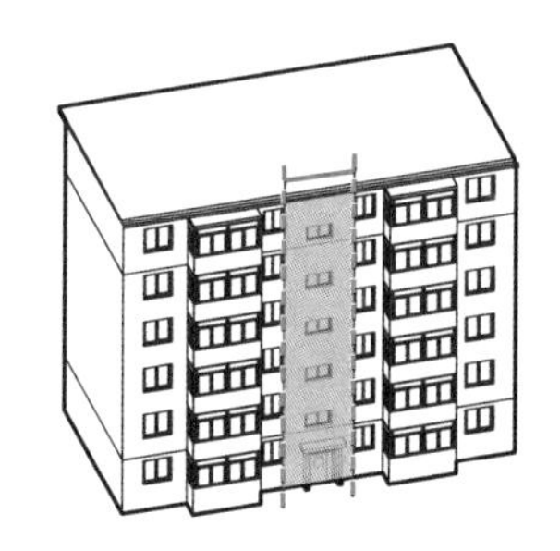

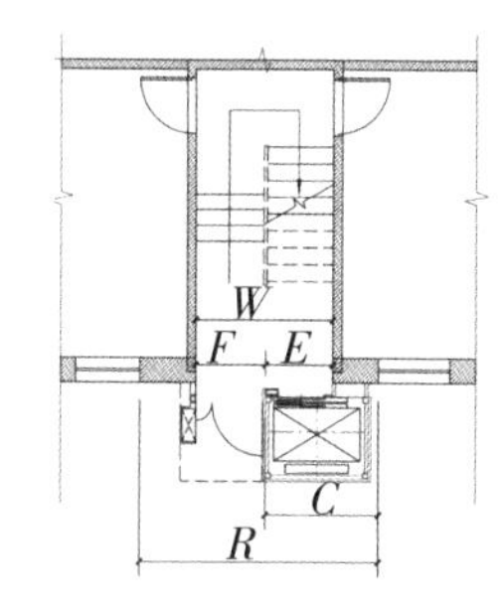

错层贴建电梯一般位于公共楼梯间外墙偏向一侧，一般不设单独电梯厅，直接停靠在楼梯间休息平台。电梯宽度受限于楼梯间内部净宽 W 与墙面加梯范围 R，即楼梯间两侧居室窗间的墙面距离。贴建加梯需拆改楼梯间外墙，楼梯间净宽在保留消防通道宽度 F 的基础上，需满足电梯门设计宽度 E 的要求，一般为 0.7~0.8m，方可实现错层贴建加梯的条件，即：

$$E = C - (R - W) / 2 \geqslant 0.7\text{m}$$

$$F = W - E \geqslant 1.1\text{m}$$

其中：
F 为消防疏散门宽，F 不应小于 1.1m；
E 为电梯门宽；
C 为电梯宽度；
R 为墙面加梯范围；
W 为楼梯间净宽

因此，本书介绍的小型化加梯方案是适应性极强的既有住宅加梯方案。虽然不是十全十美的方案，却能满足绝大多数老人日常上下楼活动的需求。

你们说的省地方的贴建式是真的贴在北墙上吗？我们楼北墙情况很复杂，有壁柱，有厨房伸出来的烟道，有下水管道，还有前几年改造的电线。加梯会受影响吗？

这些实际情况我们也考虑到了。贴建式加梯，井道与楼梯间外墙也会脱开300mm的间距，一般可以规避壁柱，并使墙面的乱线穿过，也可以给施工带来一定调整误差的空间。

(a) 壁柱及墙面排烟道

(b) 楼梯间外墙面乱线

(c) 楼梯间外墙面管道

电梯的噪声会不会影响我在北屋睡觉呢？

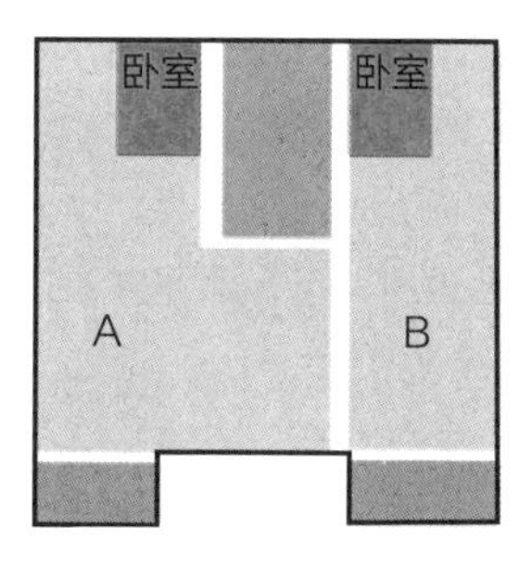

噪声的问题我们也精心考虑过。既有住宅加电梯，条件本就受局限，有些单元楼梯间两侧相邻的是卧室。如果按照普通住宅设计规范执行，则不能加装电梯。因此，我们在设计中会精细化拆分产生噪声的部件，安装在不临近卧室的位置，尽可能减少噪声影响。

小型化电梯可以选什么规格呢？普通规格的电梯是否能满足加装要求？

错层加装电梯需要一体化设计，电梯要满足以下条件：

1. 电梯载重为 630kg 或更小，适合使用率低的需求。运行速度为 1.0m/s，适合老年人使用；

2. 井道与电梯设备协同设计，紧凑排布，以追求最小的井道外尺寸。井道进深尺寸小于 1.8m，有利于减少触碰地下管线的机会；

3. 轿厢门偏向一侧，采用双折侧开门，尽可能减小对楼梯间宽度的占用。在电梯开门宽度 750mm 的情况下，控制井道占楼梯间总宽度一半以内；

4. 井道顶部宜采用无机房设计，将井道总高度控制在不超过楼高 1m 以内。

载重量（kg）		400		400		400		450		450		450		630		630	
额定速度（m/s）		1.0	1.6	1.0	1.6	1.0	1.6	1.0	1.6	1.0	1.6	1.0	1.6	1.0	1.6	1.0	1.6
开门方式		中分		中分		旁开		中分		中分		旁开		中分		中分	
开门宽度（mm）		700		700		700		800		800		800		800		800	
开门高度（mm）		2100		2100		2100		2100		2100		2000		2100		2100	
轿厢尺寸（mm）	宽	1400		1000		900		1400		1100		1416		1350		1400	
	深	700		1000		1100		900		1100		840		1100		1100	
	高	2200		2200		2200		2200		2200		2100		2200		2200	
井道尺寸（mm）	宽	2050		1650		1450		2050		1850		1680		1950		2050	
	深	1000		1300		1550		1200		1400		1320		1400		1400	
	顶层高度	4500	4650	4500	4650	4500	4650	4500	4650	4500	4650	4500	4650	4500	4650	4500	4650
	底坑深度	1400	1400	1400	1400	1400	1400	1400	1400	1400	1400	1400	1400	1400	1400	1400	1400
	最大提升高度	30000		30000		30000		30000		30000		30000		30000		30000	
对重位置		对重右置		对重右置		对重右置		对重右置		对重右置		对重后置		对重右置		对重右置	

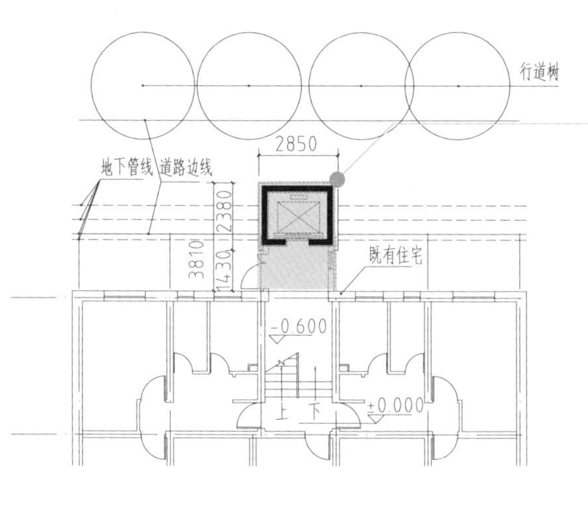

一般电梯占地面积 11m²，载重为 630kg，可乘坐人数为 8~9 人。

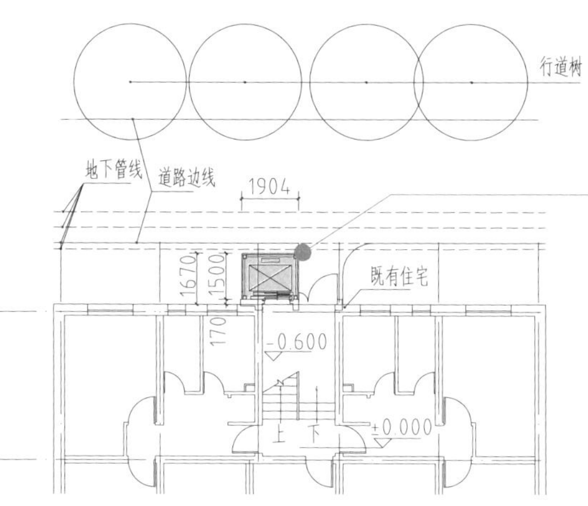

小型电梯占地面积 3.2m²，载重为 450kg，可乘坐人数为 5~6 人。

从以上分析可以看出，小型化电梯有很多优势。小到一定程度，就跨过了一个门槛，避免了传统加梯的许多难题：

1. 一楼不拥堵，改造之后对室外环境的影响很小，一楼的住户也不会反对加梯了；

2. 道路不占用，因而不用进行道路改造，减少了施工期间对居民生活的干扰；

3. 对地下管线的影响最小化，管线改移很少，可以节约大笔资金，也缩短了施工工期。

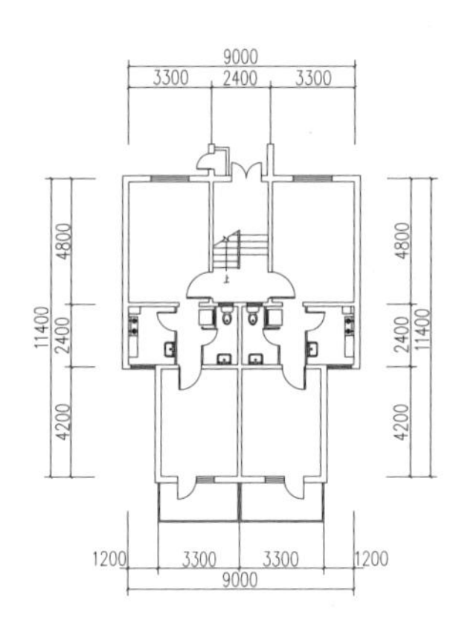

原始首层平面图

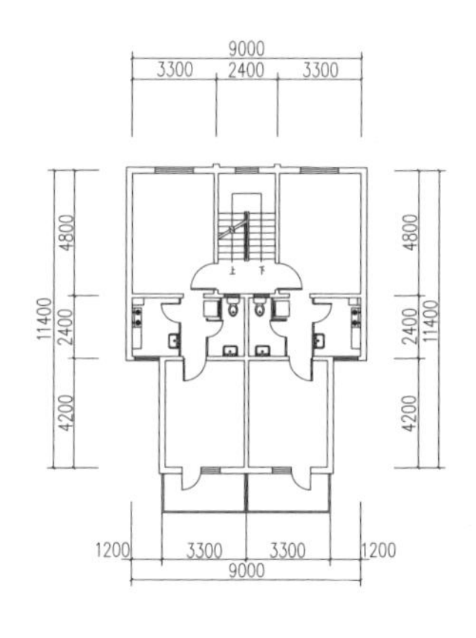

原始标准层平面图

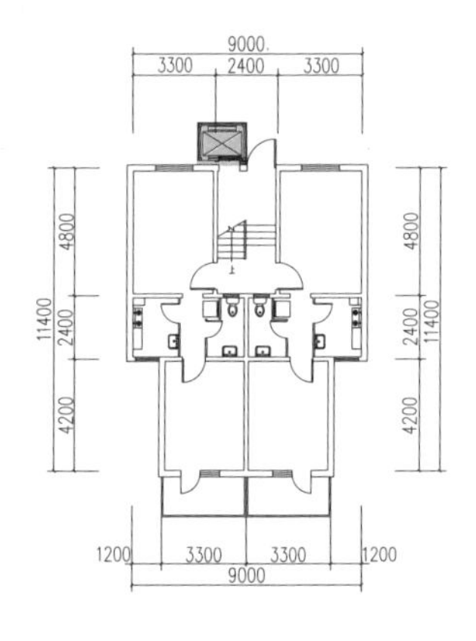

改造后首层平面图

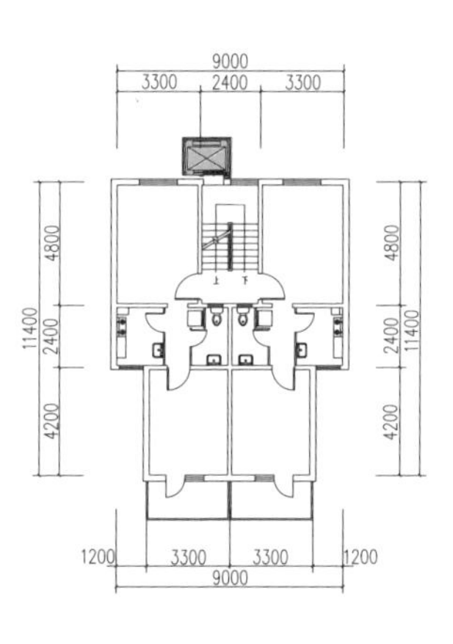

改造后标准层平面图

我们还是通过一些典型单元平面，看看小型化电梯加装的情况吧。

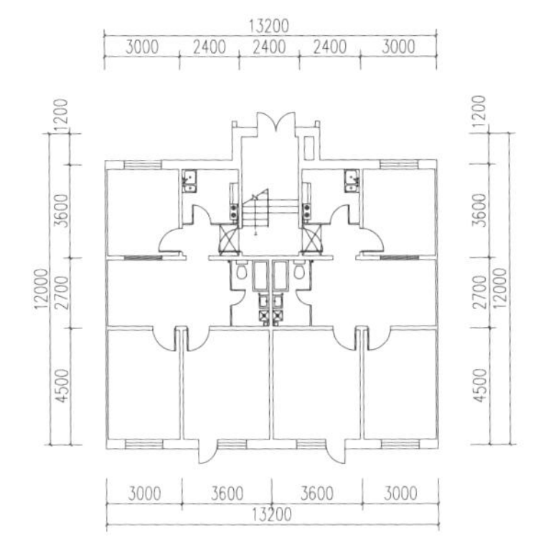

原始首层平面图

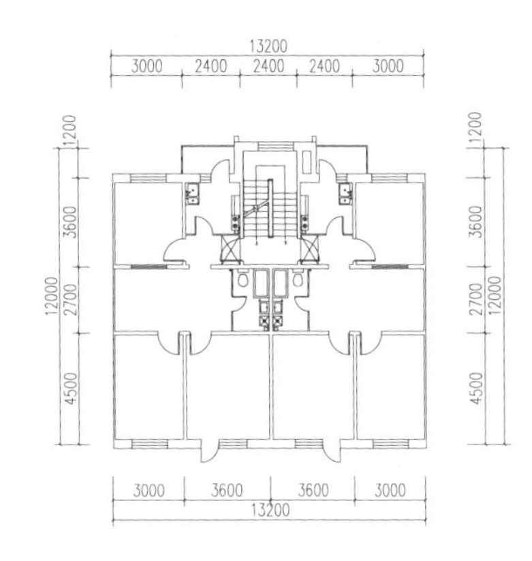

原始标准层平面图

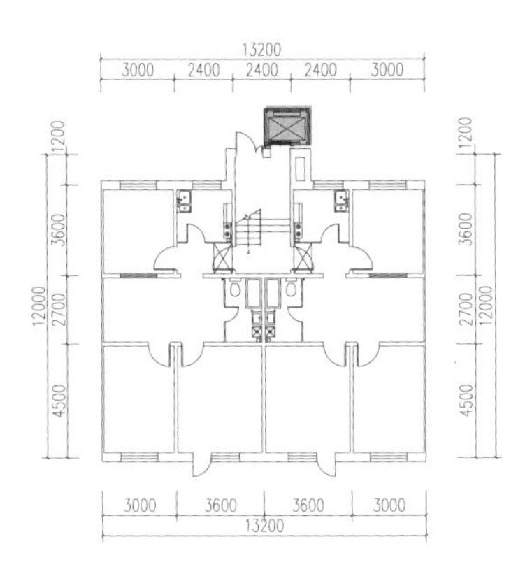

改造后首层平面图

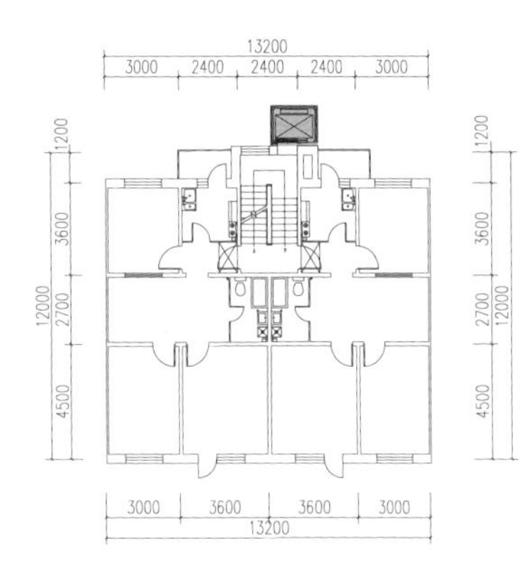

改造后标准层平面图

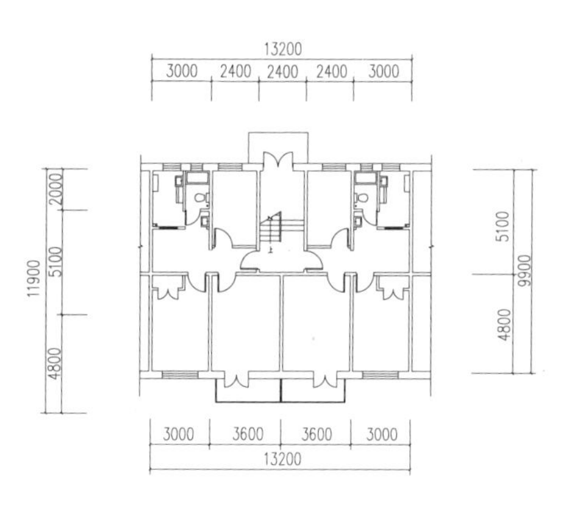

原始首层平面图

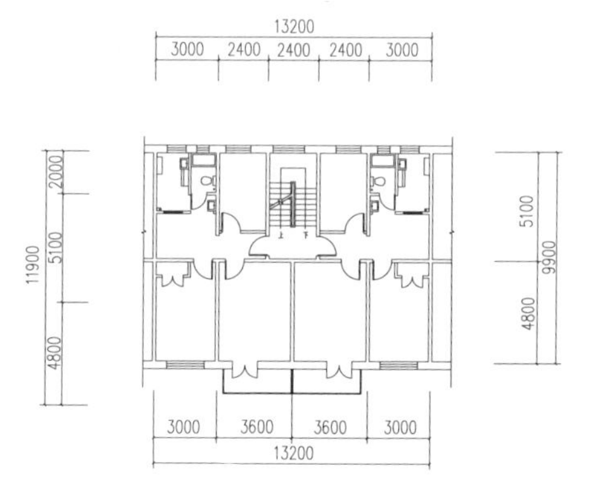

原始标准层平面图

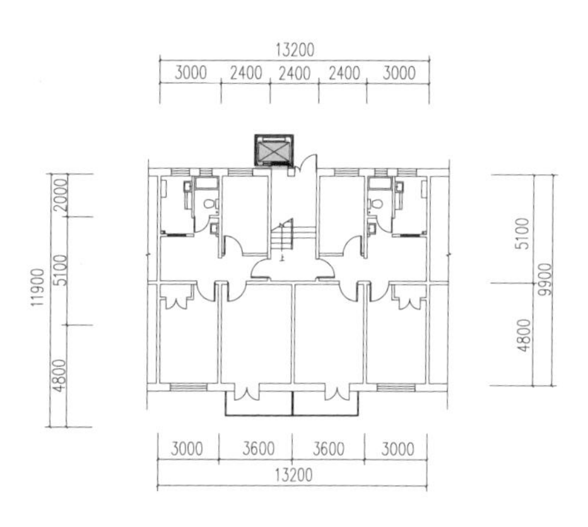

改造后首层平面图

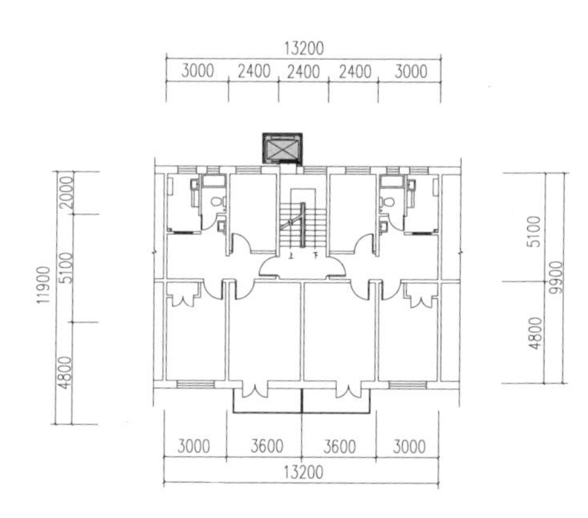

改造后标准层平面图

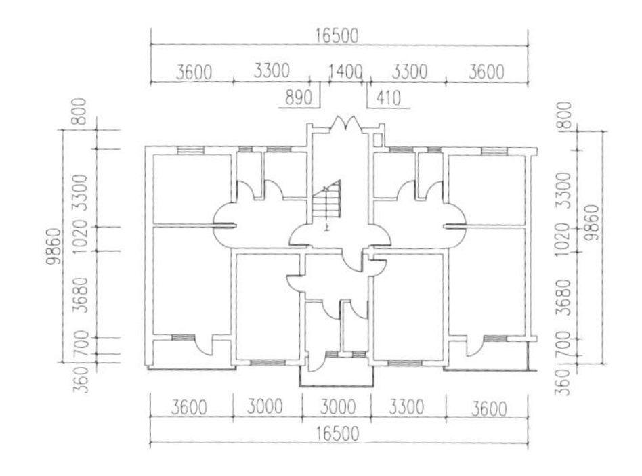

原始首层平面图

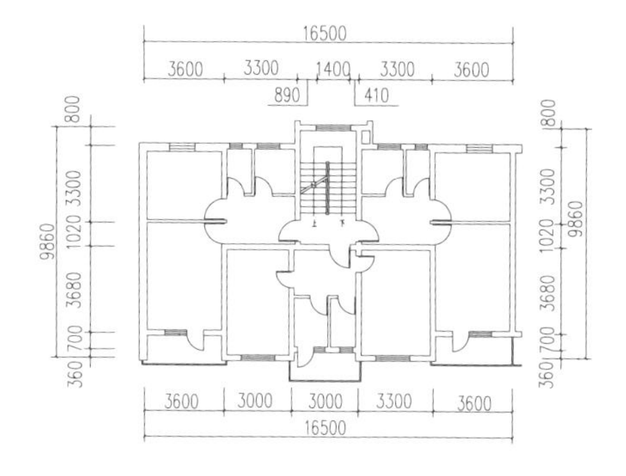

原始标准层平面图

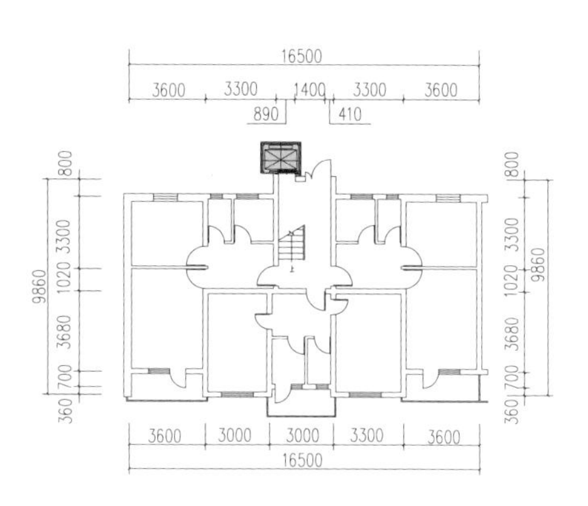

改造后首层平面图

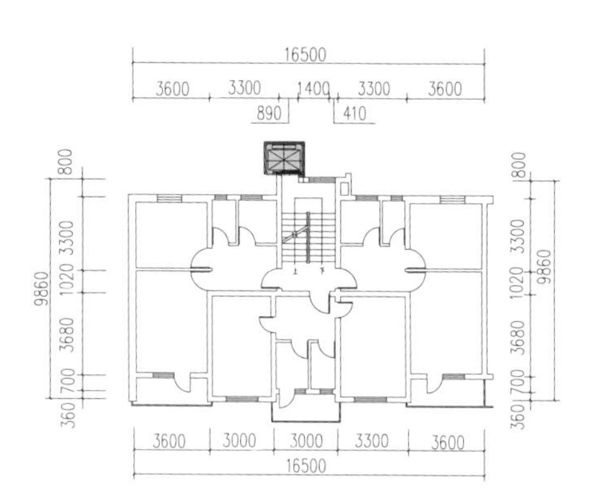

改造后标准层平面图

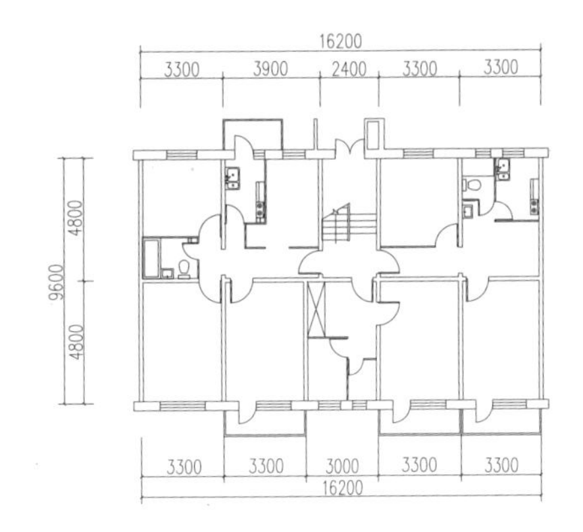

原始首层平面图

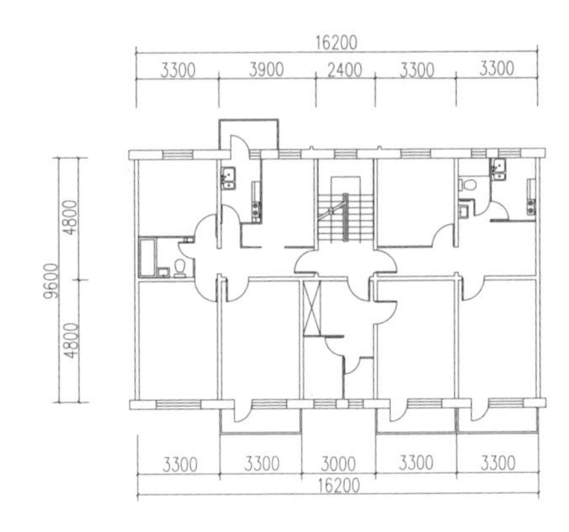

原始标准层平面图

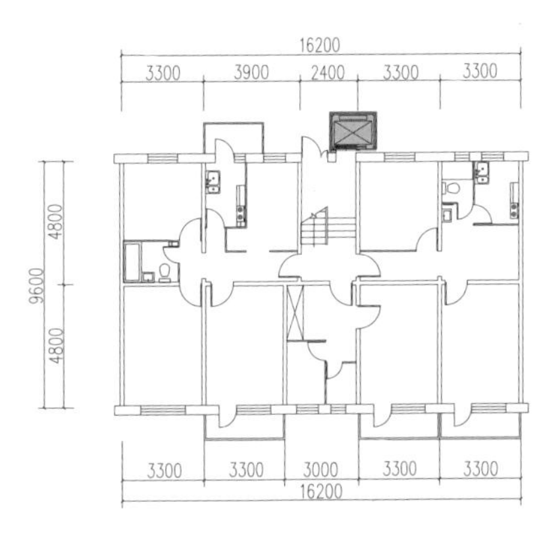

改造后首层平面图

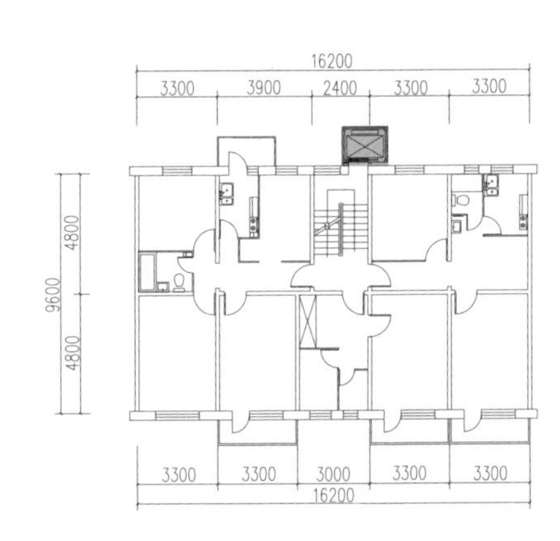

改造后标准层平面图

B 方案示例 1

建筑原始情况与设计判断

建筑设计图纸

结构设计图纸

机电设计图纸

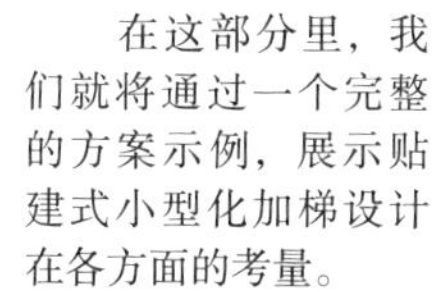

要点说明

本案例是位于北京市城区某居民区内的6层砖混结构住宅楼，建于20世纪80年代，属于北方地区典型的多层住宅类型。楼栋为正南北向，有两个单元，单元入口均向北，楼梯间在北侧，一梯两户。增设电梯单元为其中西侧单元。

该楼栋北侧为4m宽的入户道路，路北现有树木和自行车棚。南侧为绿地，不具备南侧加梯条件。因而选择了在北侧楼梯间外墙以贴建式加装小型化电梯。

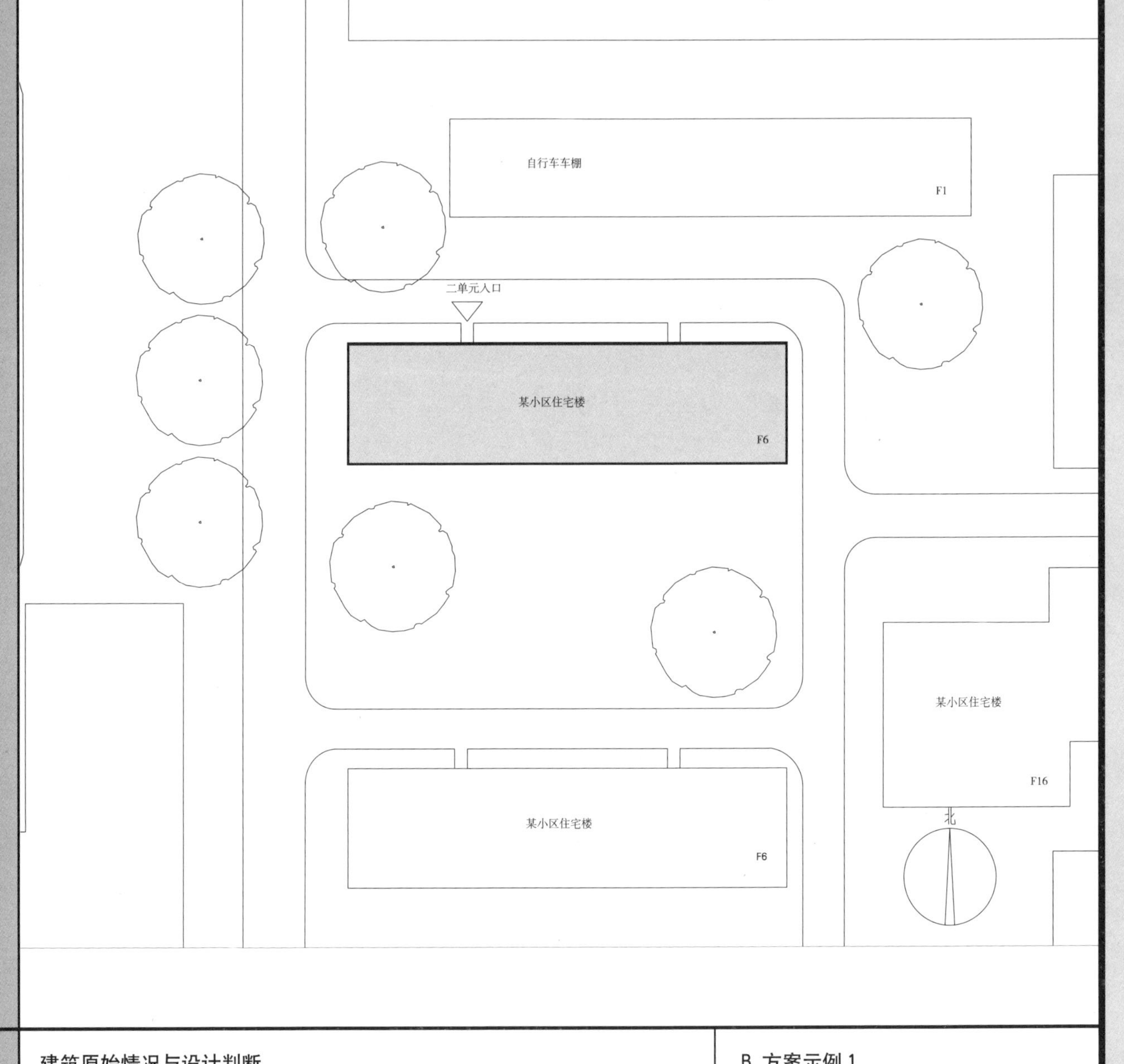

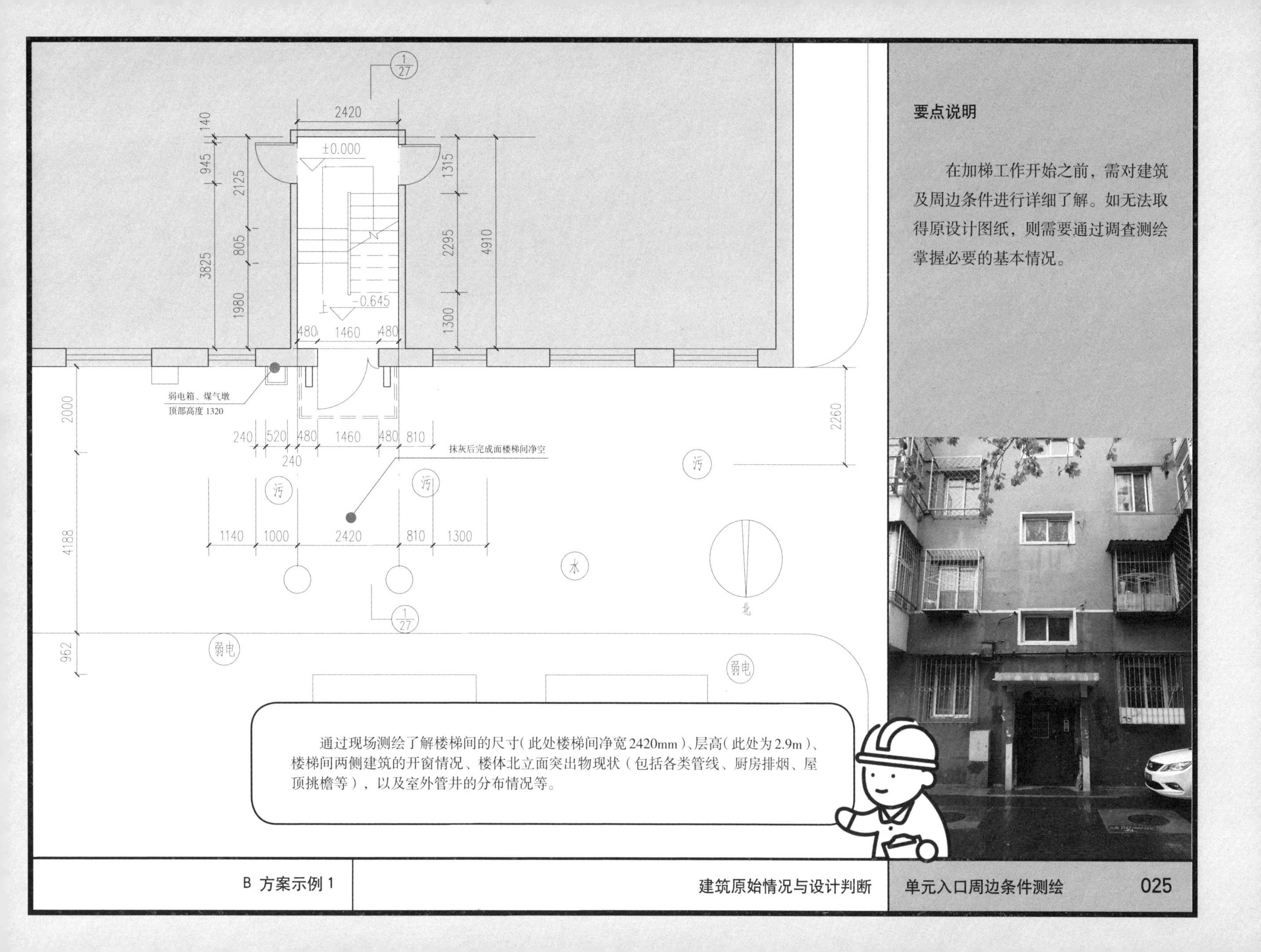

要点说明

在加梯工作开始之前，需对建筑及周边条件进行详细了解。如无法取得原设计图纸，则需要通过调查测绘掌握必要的基本情况。

通过现场测绘了解楼梯间的尺寸（此处楼梯间净宽2420mm）、层高（此处为2.9m）、楼梯间两侧建筑的开窗情况、楼体北立面突出物现状（包括各类管线、厨房排烟、屋顶挑檐等），以及室外管井的分布情况等。

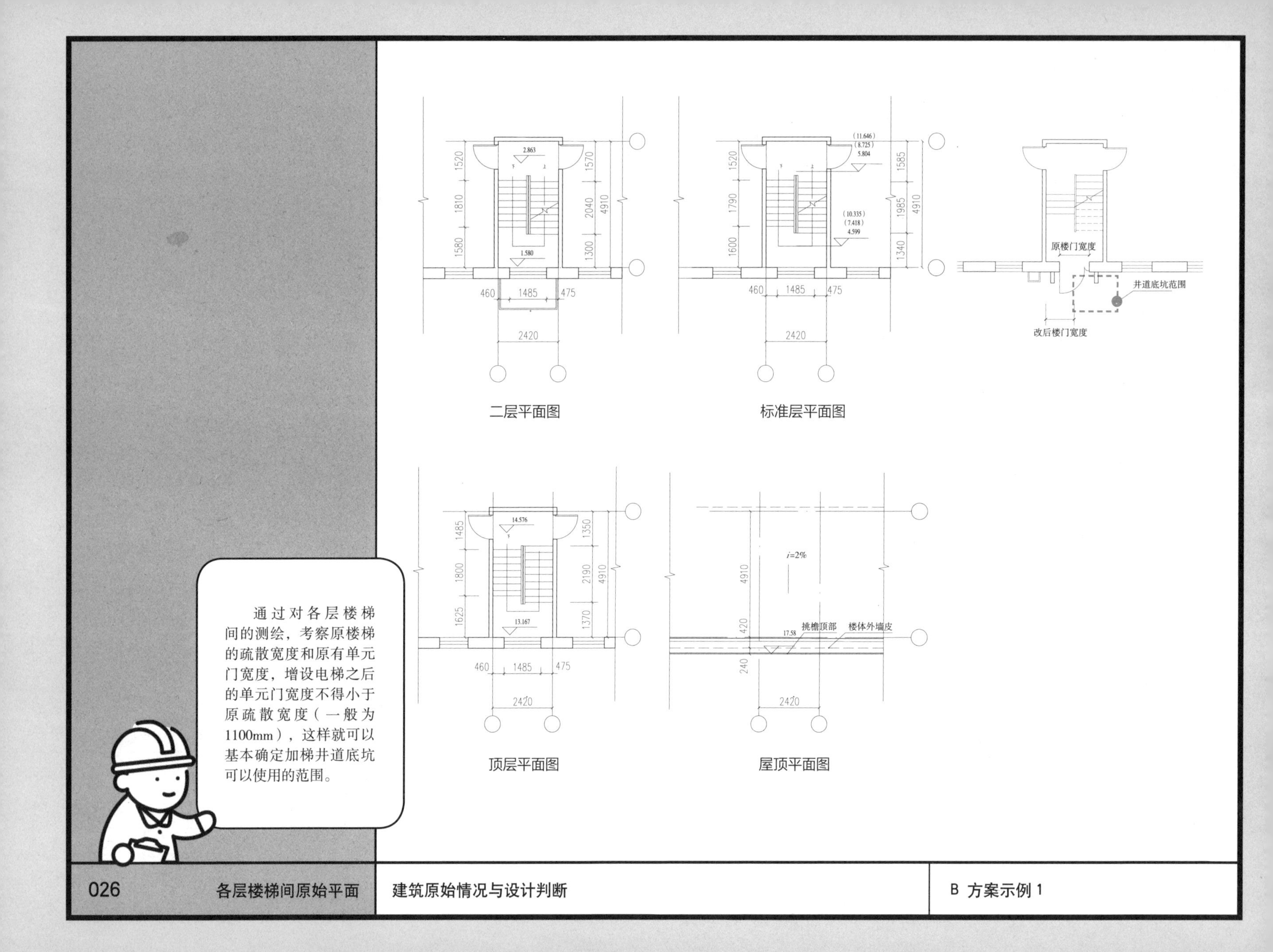
原楼门宽度
井道底坑范围
改后楼门宽度
二层平面图
标准层平面图
顶层平面图
屋顶平面图
i=2%
挑檐顶部
楼体外墙皮
通过对各层楼梯间的测绘，考察原楼梯的疏散宽度和原有单元门宽度，增设电梯之后的单元门宽度不得小于原疏散宽度（一般为1100mm），这样就可以基本确定加梯井道底坑可以使用的范围。

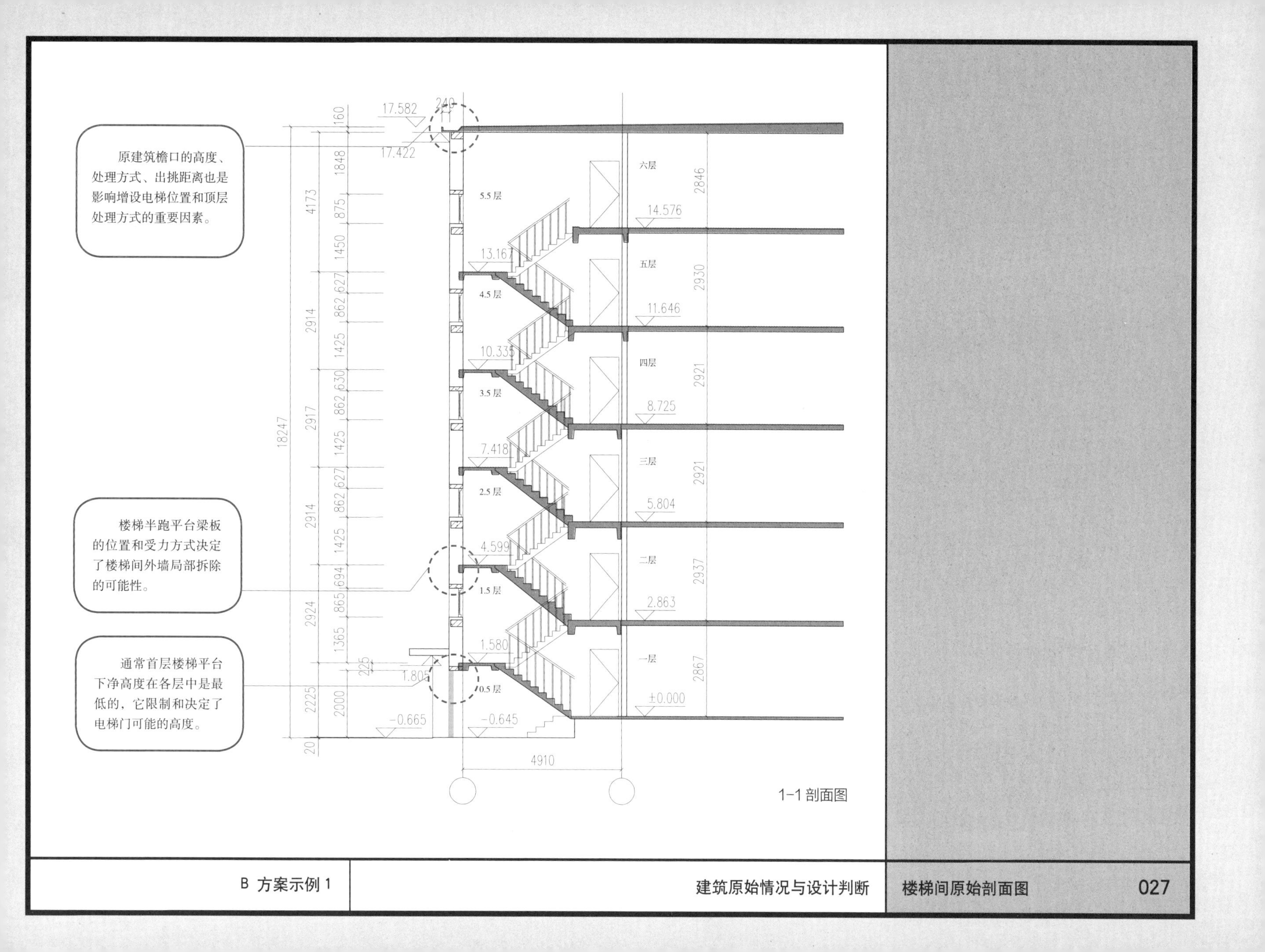
原建筑檐口的高度、处理方式、出挑距离也是影响增设电梯位置和顶层处理方式的重要因素。
楼梯半跑平台梁板的位置和受力方式决定了楼梯间外墙局部拆除的可能性。
通常首层楼梯平台下净高度在各层中是最低的，它限制和决定了电梯门可能的高度。
17.582
17.422
240
14.576
13.167
11.646
10.335
8.725
7.418
5.804
4.599
2.863
1.580
1.805
±0.000
-0.665
-0.645
六层
五层
四层
三层
二层
一层
5.5 层
4.5 层
3.5 层
2.5 层
1.5 层
0.5 层
2846
2930
2921
2921
2937
2867
18247
4173
2914
2917
2914
2924
2225
4910
1-1 剖面图

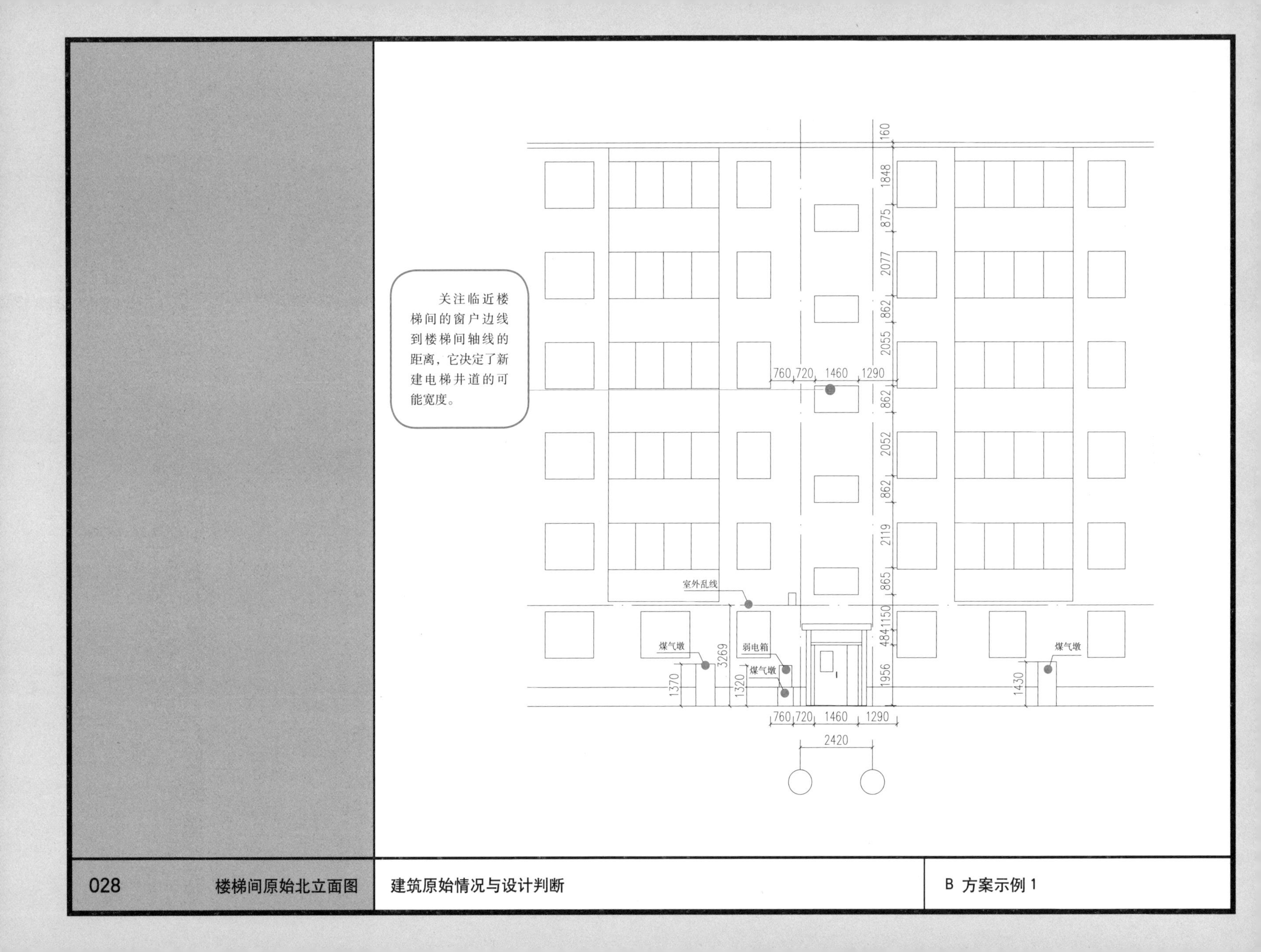
关注临近楼梯间的窗户边线到楼梯间轴线的距离，它决定了新建电梯井道的可能宽度。
室外乱线
煤气墩
弱电箱
煤气墩
煤气墩
160
1848
875
2077
862
2055
862
2052
862
2119
865
1150
484
1956
760
720
1460
1290
3269
1370
1320
1430
760
720
1460
1290
2420

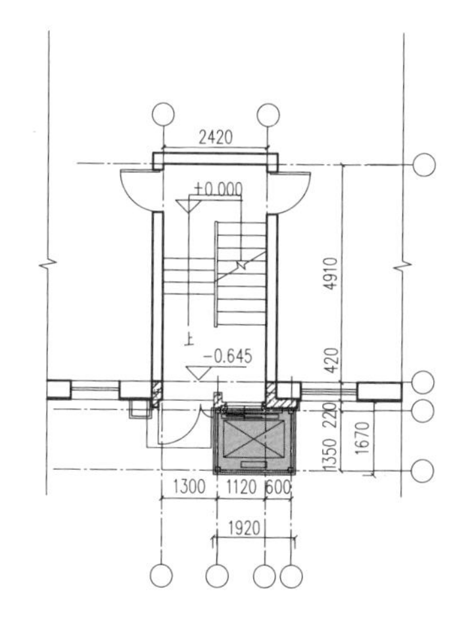

首层平面图

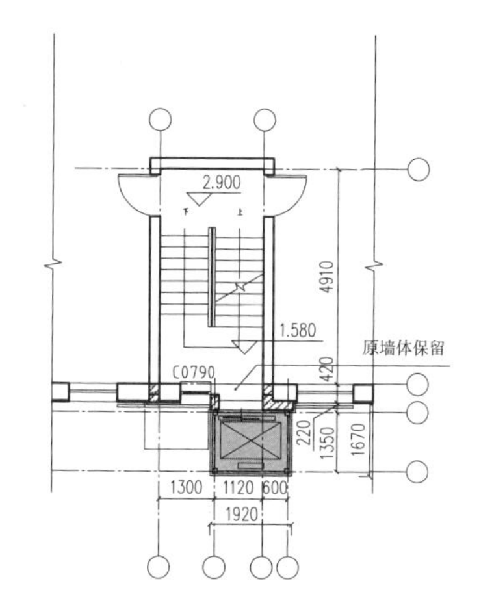

二层平面图

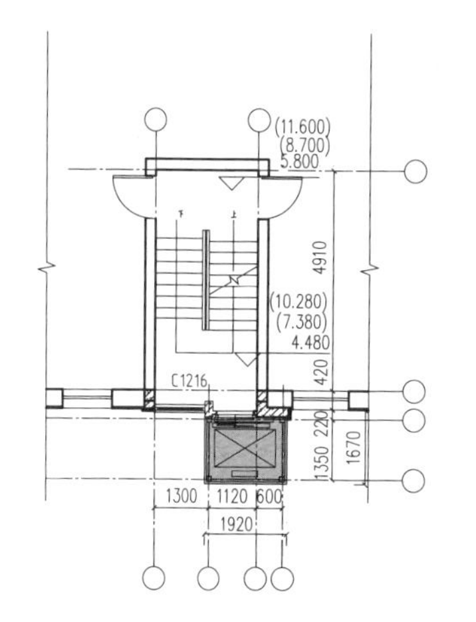

标准层平面图

14.500
4910
13.180
C1290
420
220
1350
1670
1300
1120
600
1920

顶层平面图

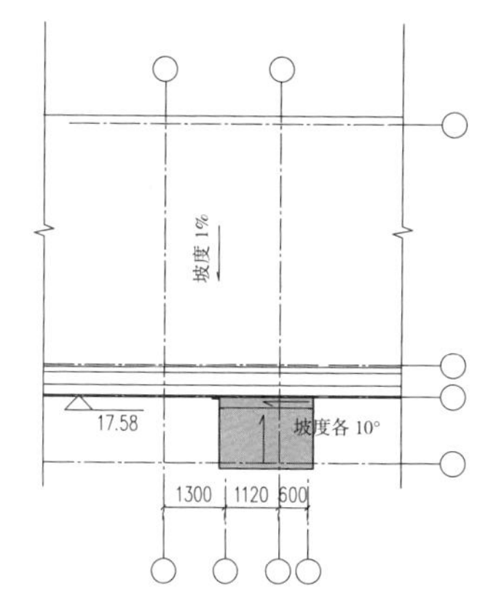

屋顶平面图

要点说明

小型化电梯贴近楼体墙面加装，首层一侧留出疏散通道，一层半高度电梯不开门，保留原墙体。其他各层电梯另一侧墙面新做排烟窗。

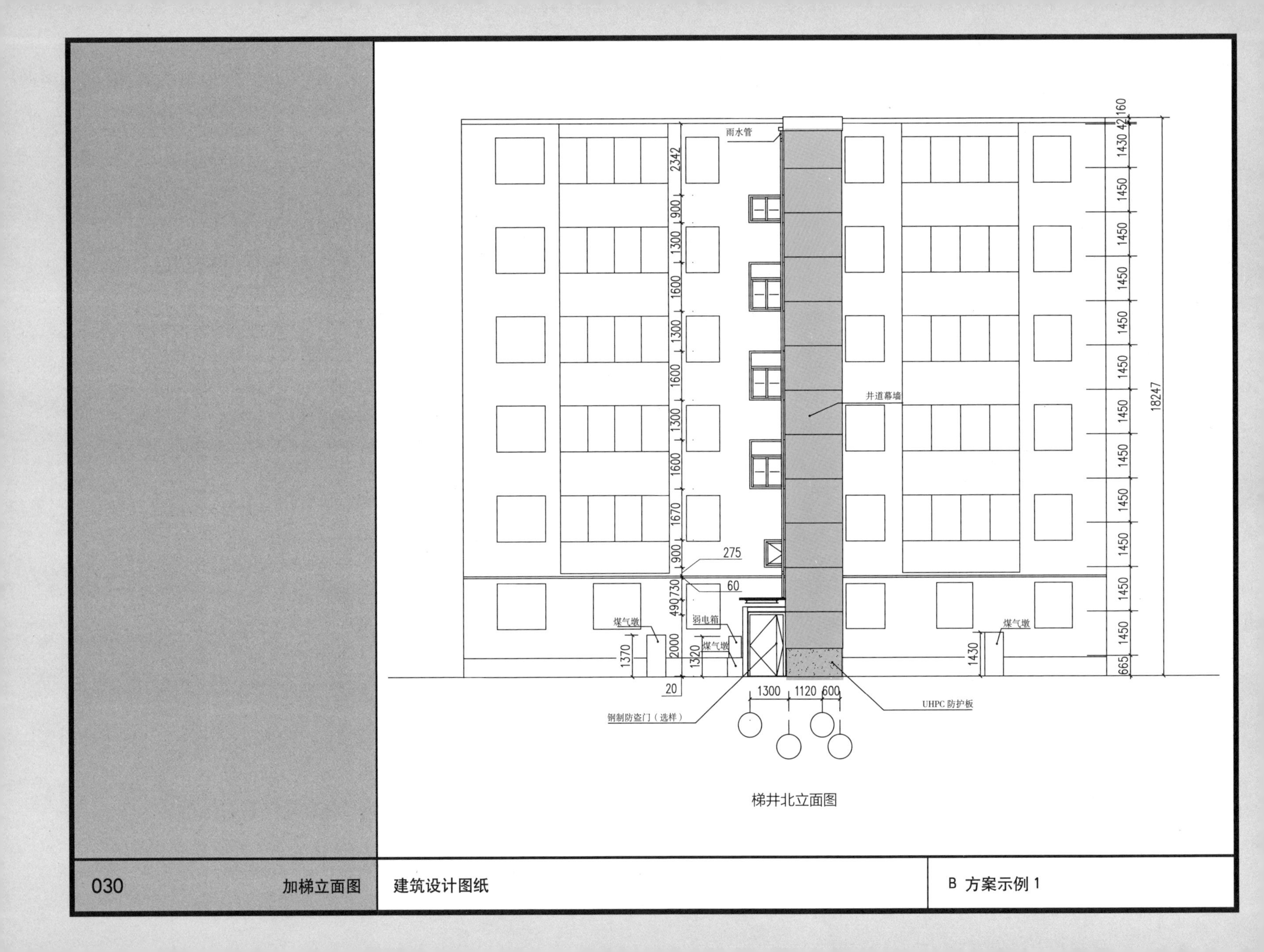
雨水管
井道幕墙
煤气墩
弱电箱
煤气墩
煤气墩
钢制防盗门（选样）
UHPC 防护板
梯井北立面图

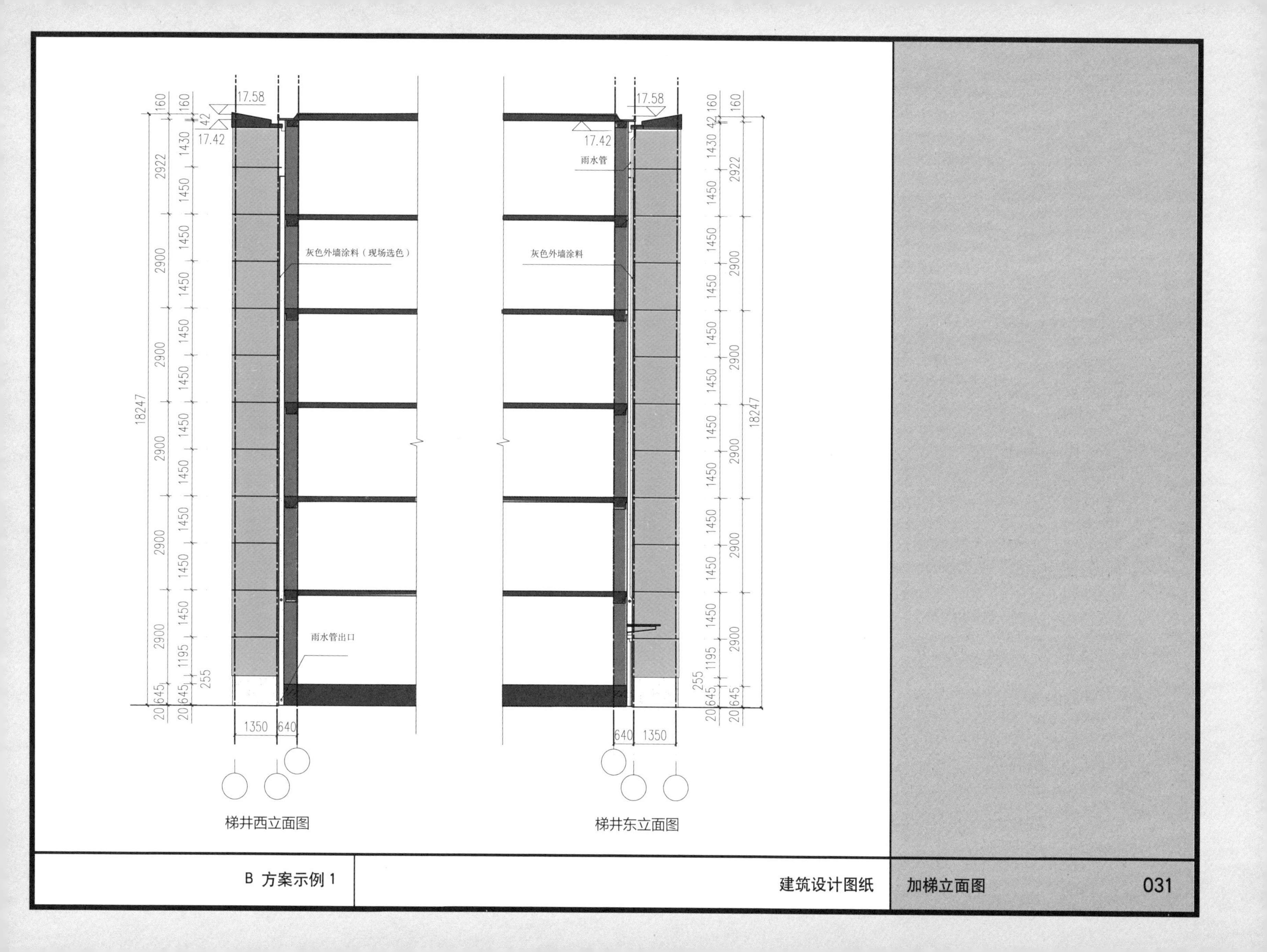
17.58
17.42
灰色外墙涂料（现场选色）
雨水管出口
1350
640
18247
梯井西立面图
雨水管
灰色外墙涂料
梯井东立面图

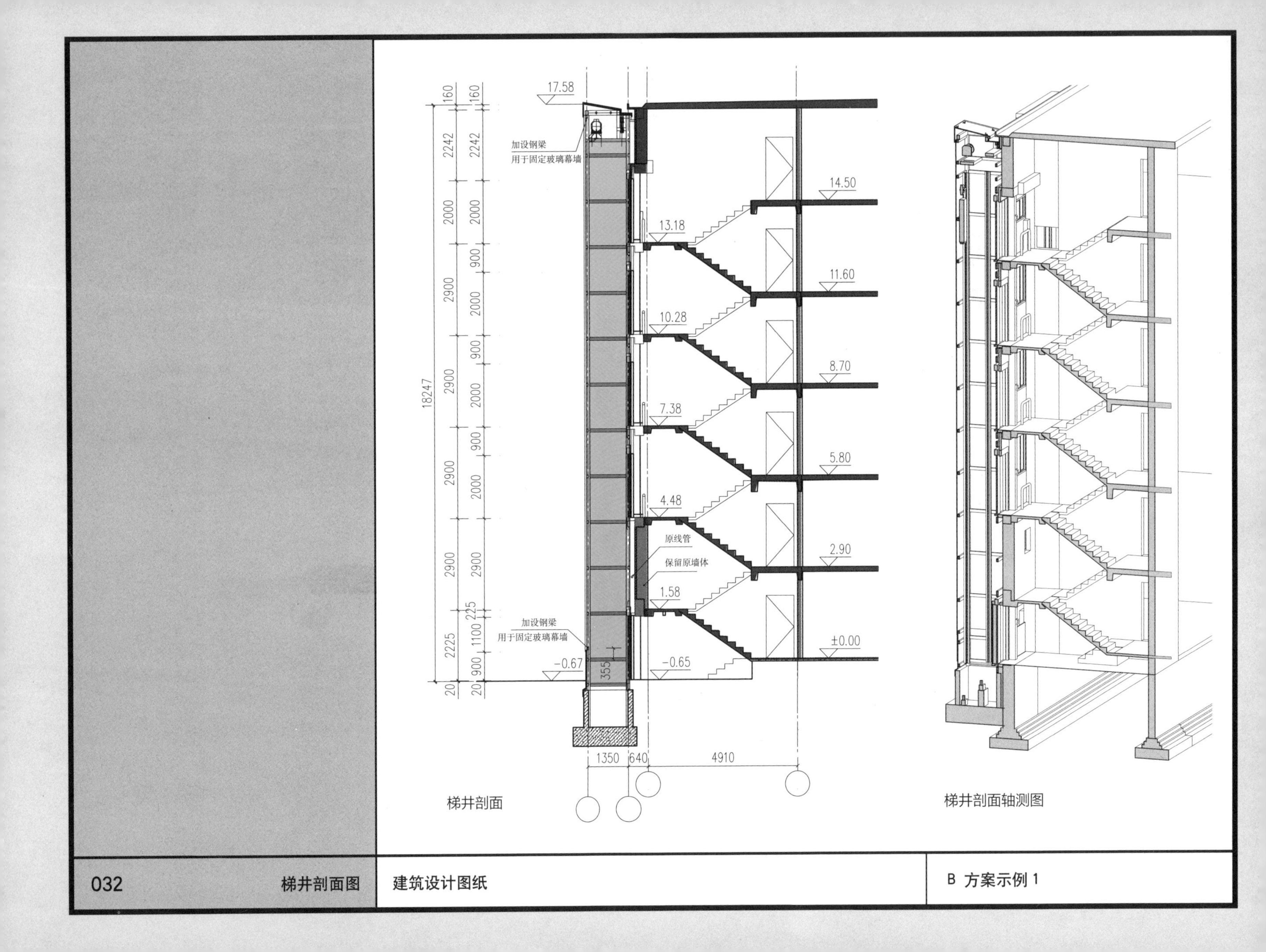

梯井剖面

梯井剖面轴测图

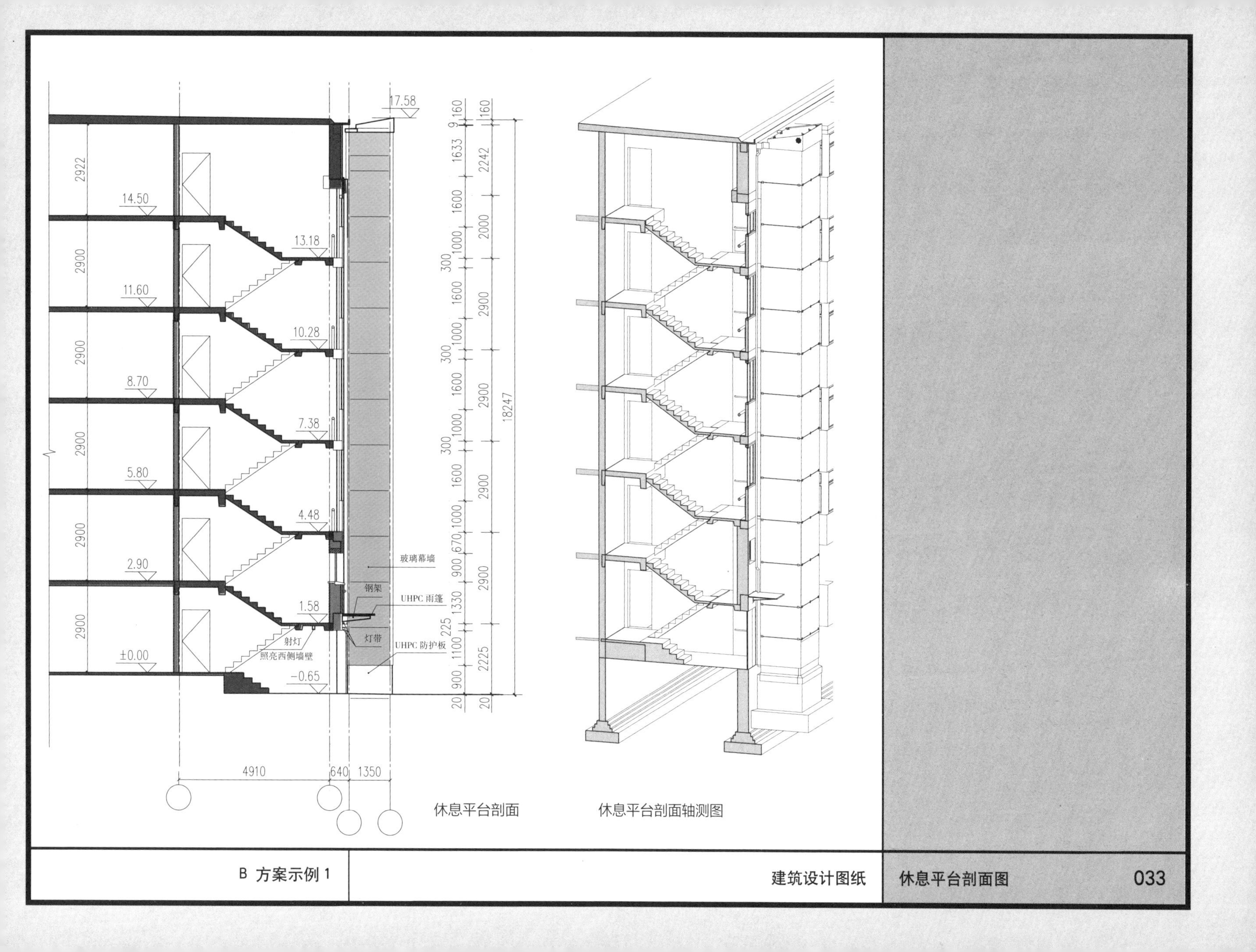

休息平台剖面

休息平台剖面轴测图

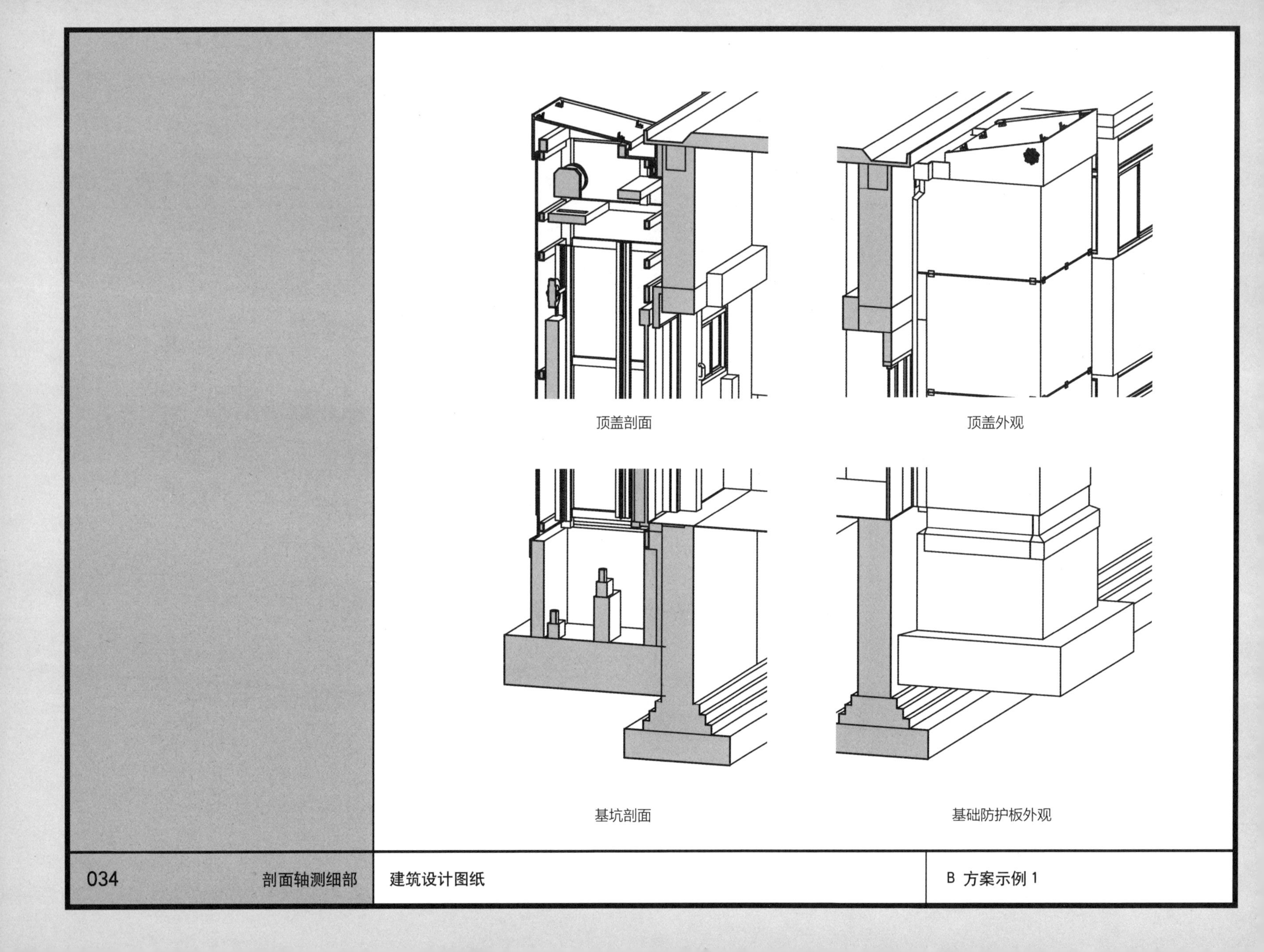
顶盖剖面
顶盖外观
基坑剖面
基础防护板外观

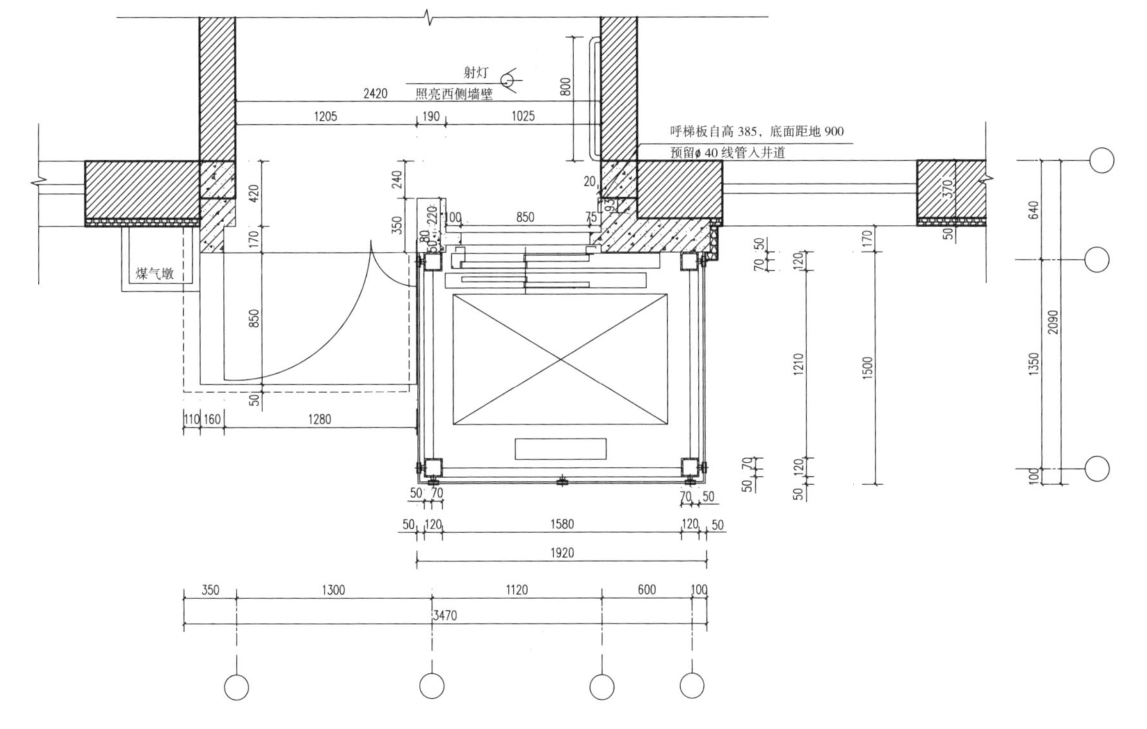

一层平面大样图

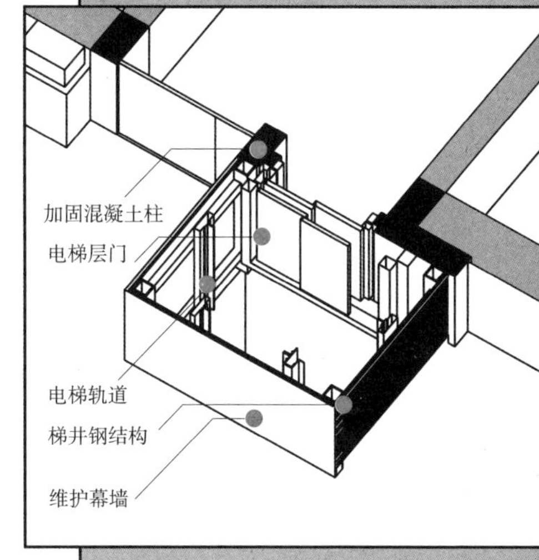

首层平面重点要解决单元门的疏散宽度，不能因为加设电梯降低原有建筑的疏散能力。考虑住宅的适老化要求，单元入口处不应设置台阶，如有高差，应尽量通过找坡解决。单元入口至首层住宅标高的阶梯应设置扶手。电梯厅等候区应设置扶手。

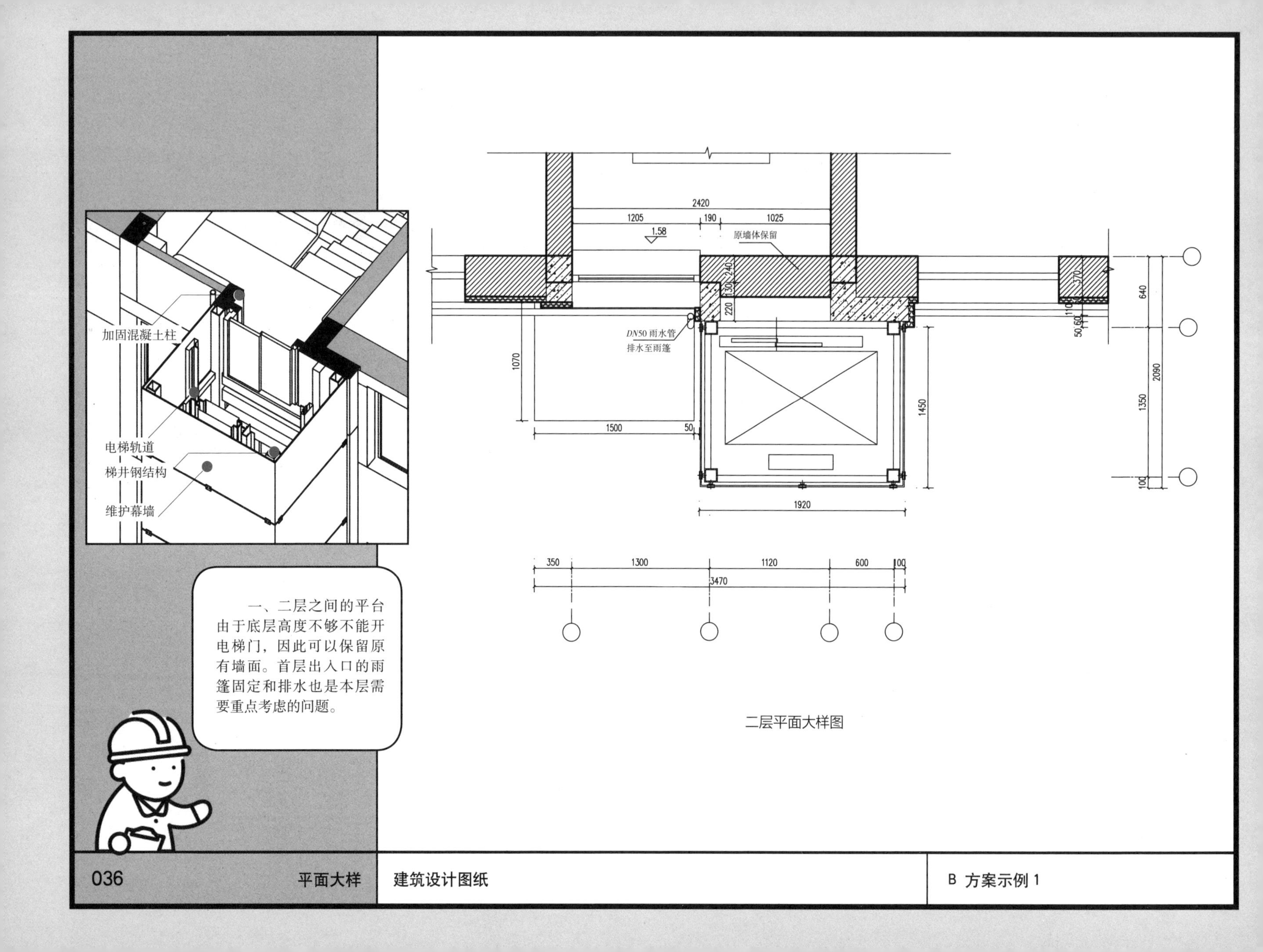
加固混凝土柱
电梯轨道
梯井钢结构
维护幕墙
一、二层之间的平台由于底层高度不够不能开电梯门，因此可以保留原有墙面。首层出入口的雨篷固定和排水也是本层需要重点考虑的问题。
2420
1205
190
1025
1.58
原墙体保留
240
130
220
DN50 雨水管
排水至雨篷
1070
1500
50
1450
1920
640
1350
2090
100
370
350
1300
1120
600
100
3470

二层平面大样图

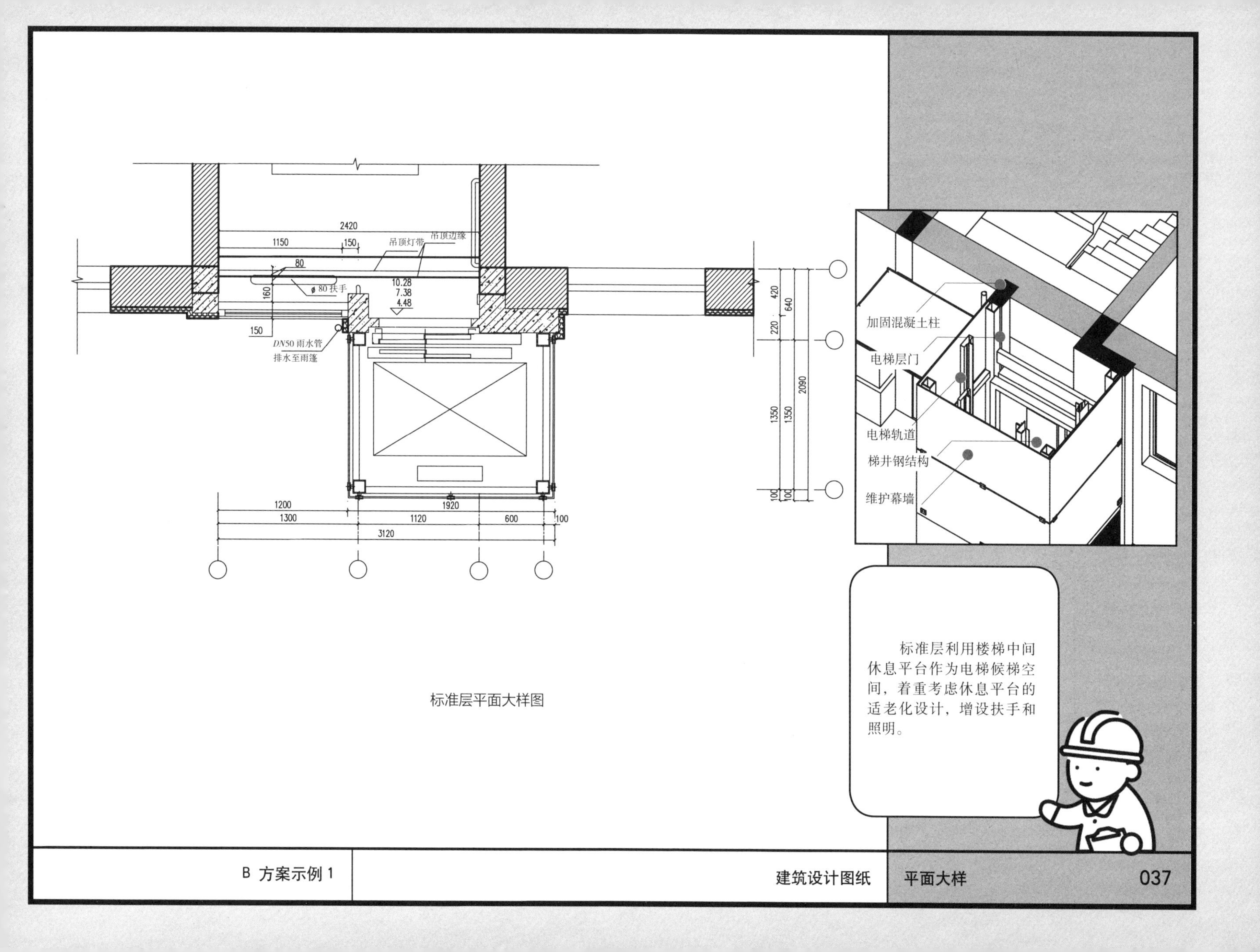

标准层平面大样图

标准层利用楼梯中间休息平台作为电梯候梯空间，着重考虑休息平台的适老化设计，增设扶手和照明。

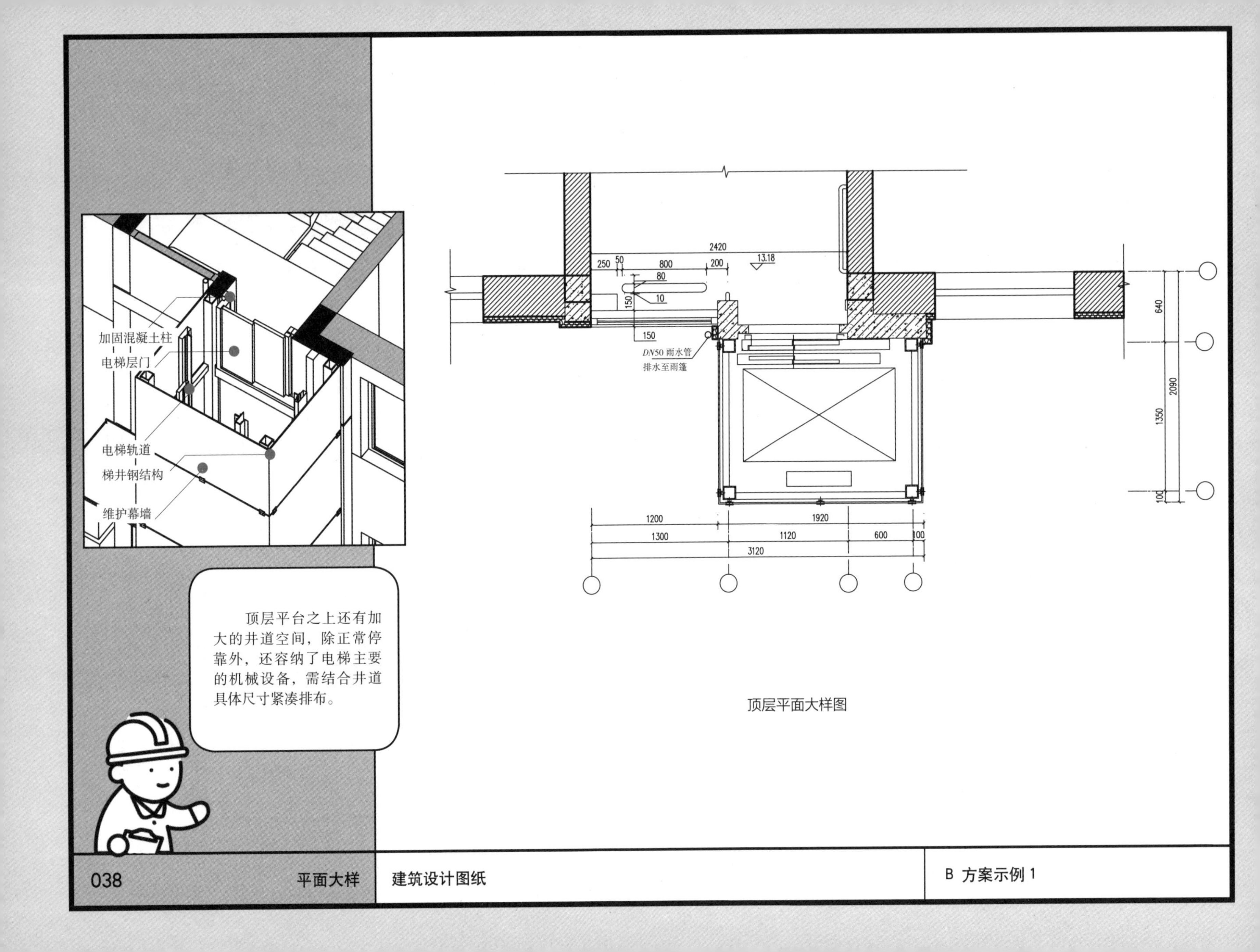
加固混凝土柱
电梯层门
电梯轨道
梯井钢结构
维护幕墙
顶层平台之上还有加大的井道空间，除正常停靠外，还容纳了电梯主要的机械设备，需结合井道具体尺寸紧凑排布。
2420
250
50
800
200
13.18
80
150
10
150
DN50 雨水管
排水至雨篷
640
2090
1350
100
1200
1920
1300
1120
600
100
3120

顶层平面大样图

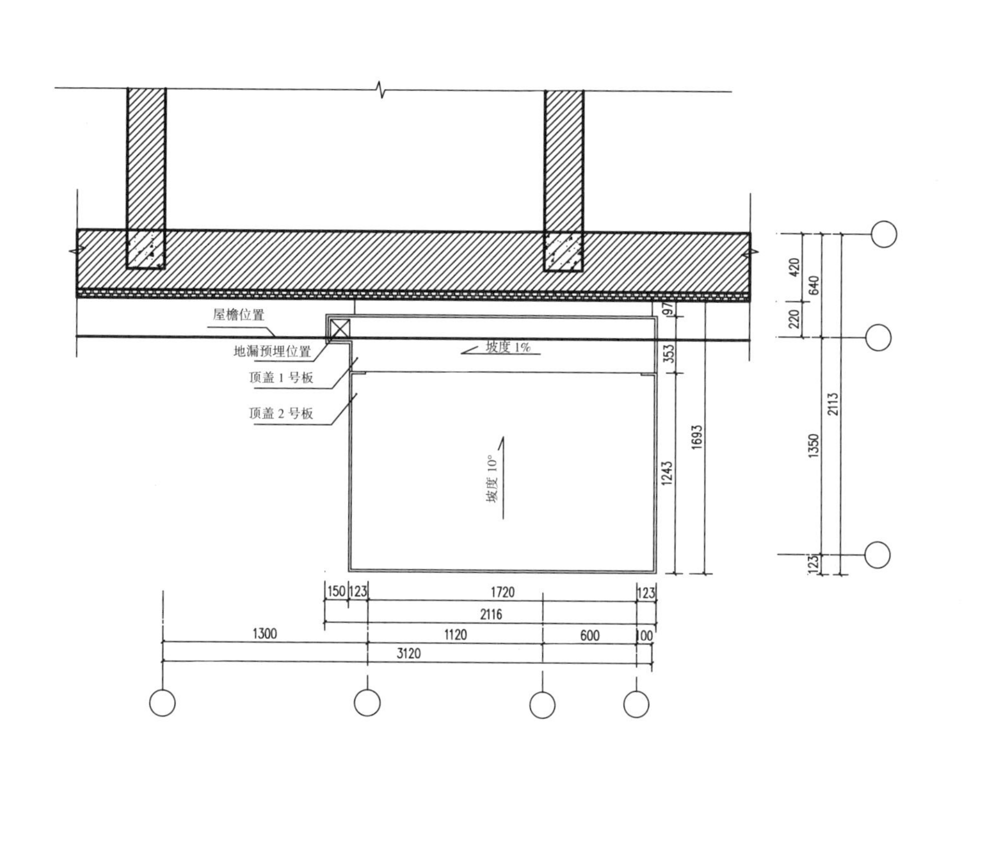

井道顶部平面大样图

井道顶面需处理好和原建筑檐口的关系，并合理解决井道顶面的排水问题。

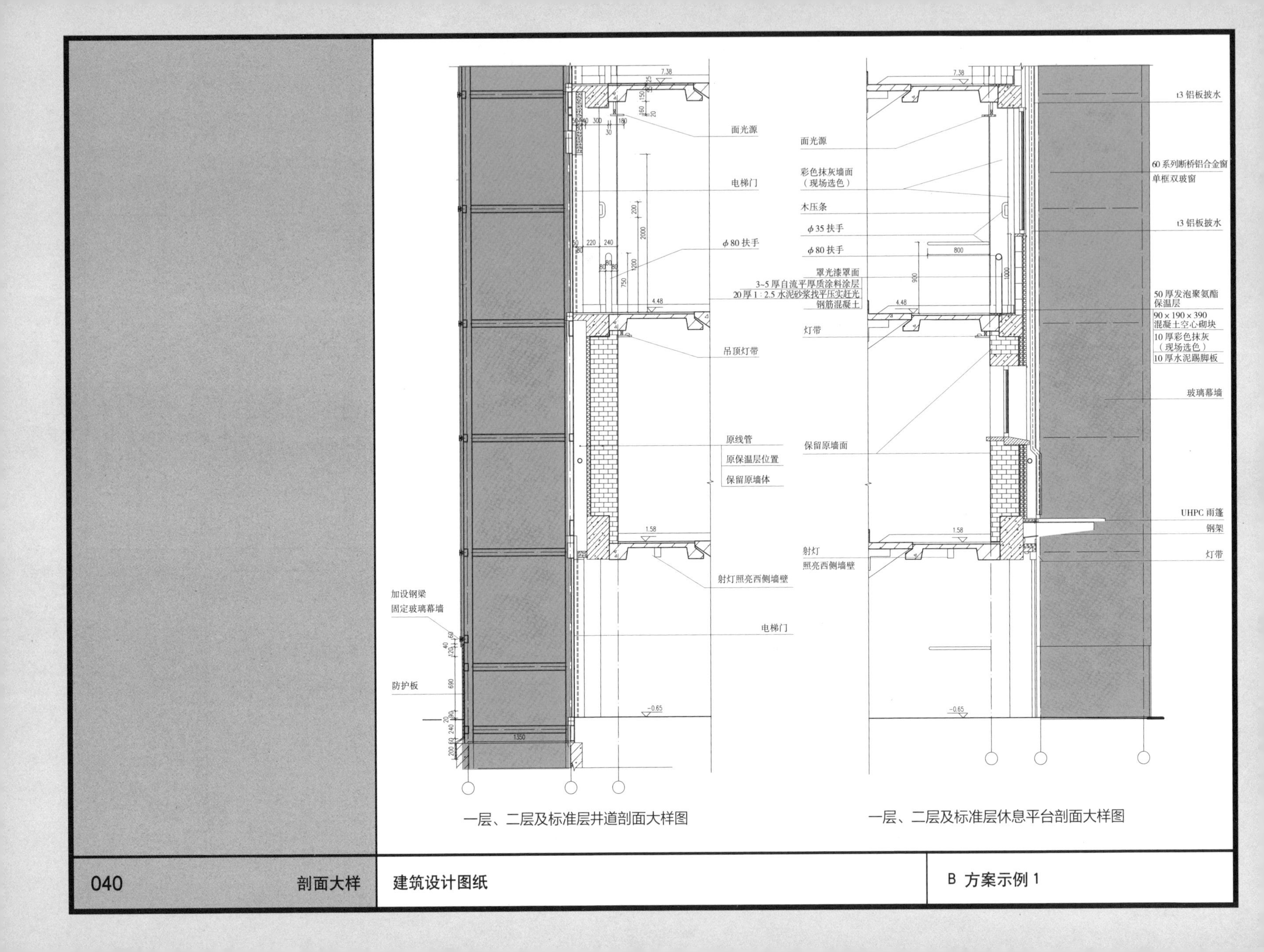

一层、二层及标准层井道剖面大样图

一层、二层及标准层休息平台剖面大样图

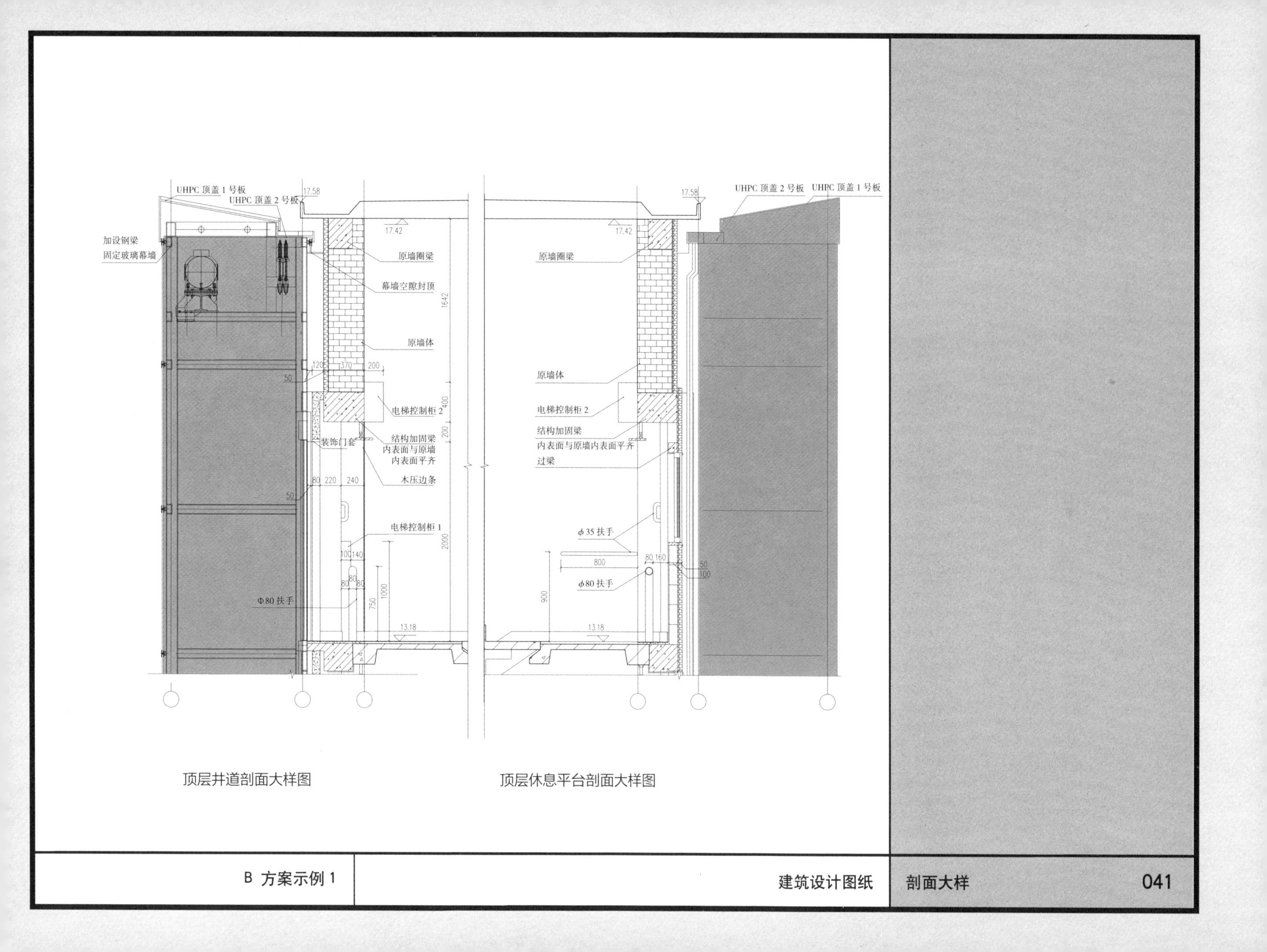

顶层井道剖面大样图

顶层休息平台剖面大样图

要点说明

楼梯间外墙采用部分拆除的改造方案，并采用外贴壁式框架的方法对结构的整体性进行补强，同时也确保原结构圈梁的结构功能得到有效替代和加强。

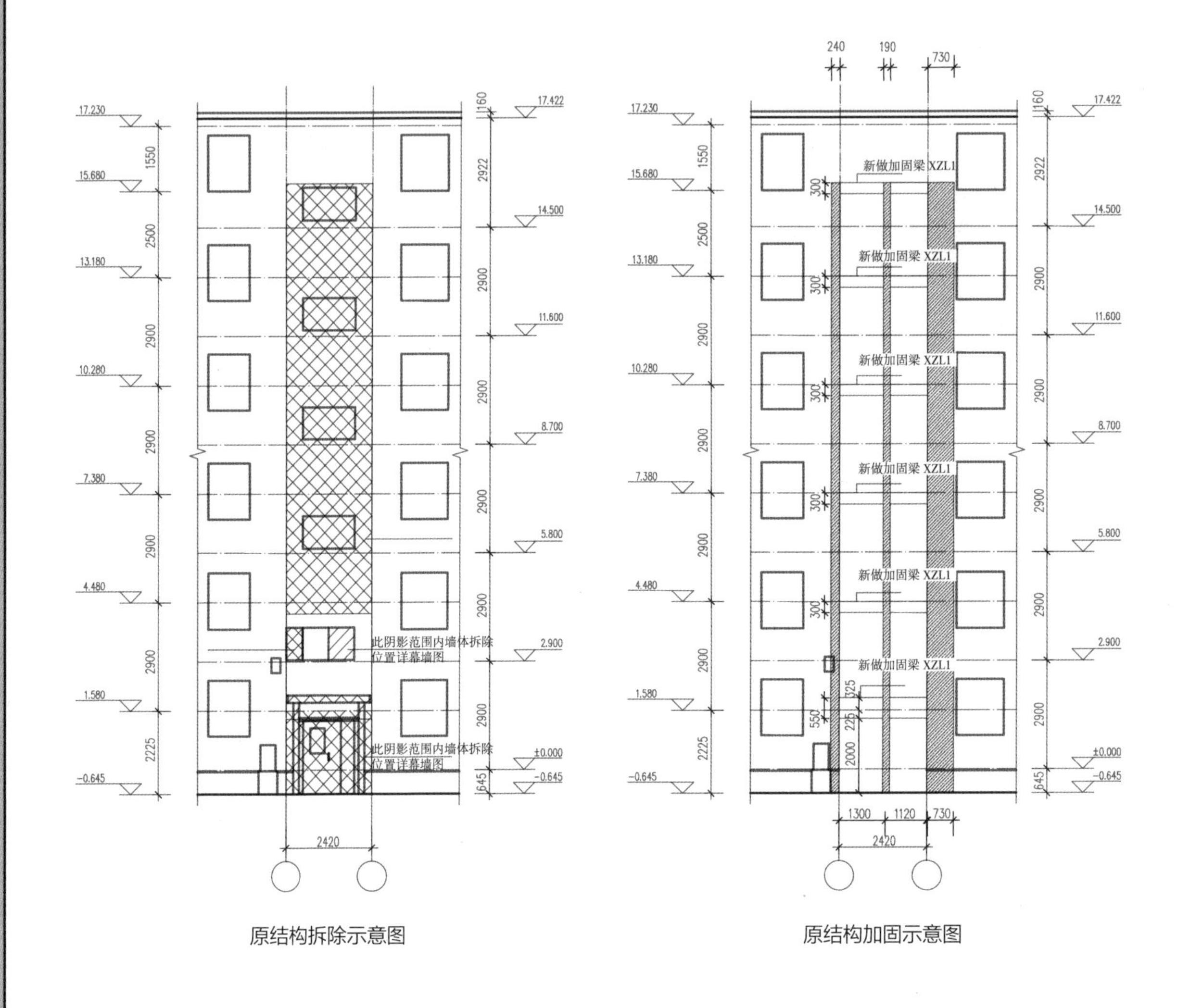

原结构拆除示意图

原结构加固示意图

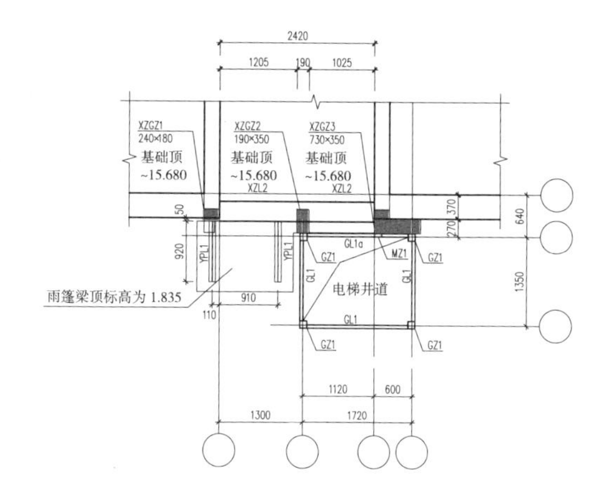

新加电梯首层结构平面图

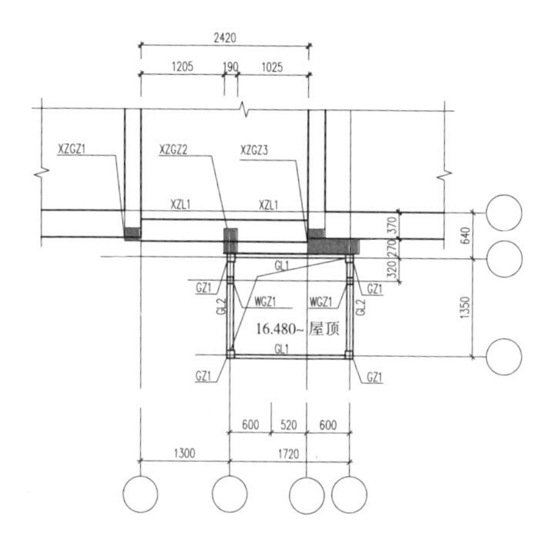

16.480m 标高处结构平面图

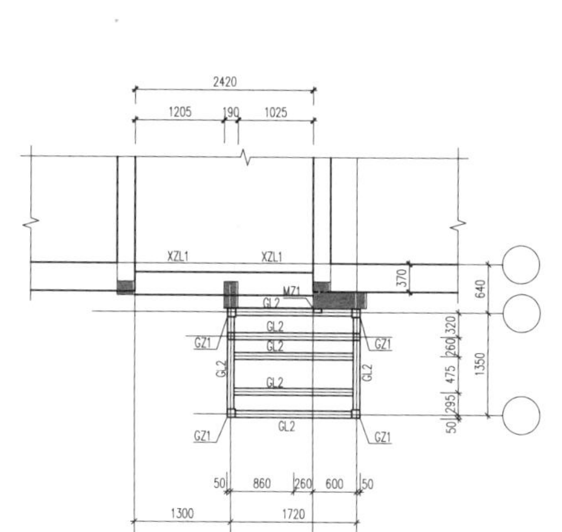

新加电梯屋顶结构平面图

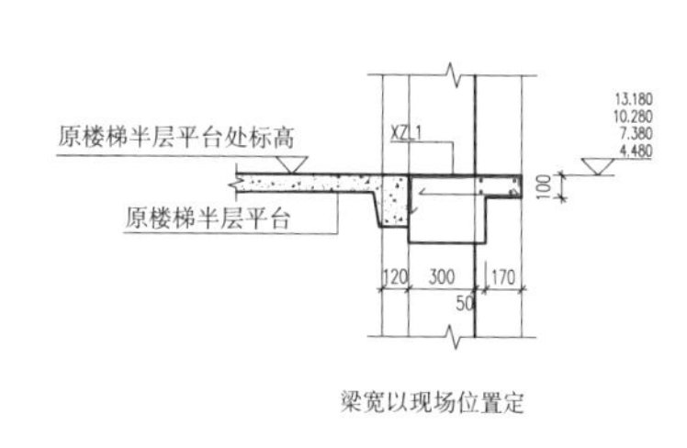

1–1

要点说明

对既有住宅采取外贴壁式框架补强措施，在垂直、水平两个方向构成整体构架，与原有结构构造柱连接，同时与新增设的电梯井道结构进行连接。

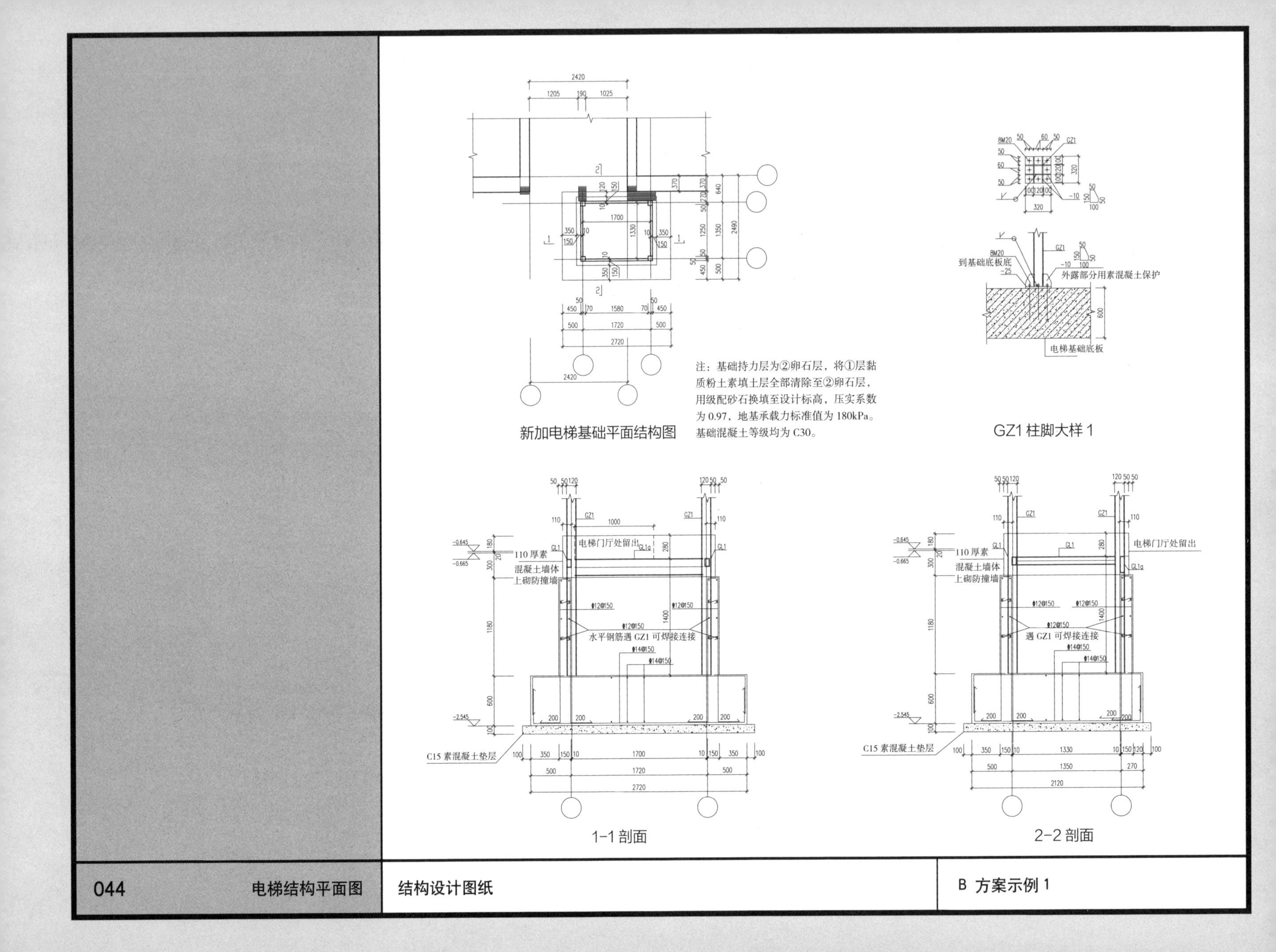
新加电梯基础平面结构图
注：基础持力层为②卵石层，将①层黏质粉土素填土层全部清除至②卵石层，用级配砂石换填至设计标高，压实系数为0.97，地基承载力标准值为180kPa。基础混凝土等级均为C30。
GZ1 柱脚大样 1
到基础底板底
外露部分用素混凝土保护
电梯基础底板
110 厚素混凝土墙体上砌防撞墙
电梯门厅处留出
水平钢筋遇 GZ1 可焊接连接
C15 素混凝土垫层
1-1 剖面
2-2 剖面

原结构墙体
170
8M16
45 80 45
ZGZ3
350
300
220
−20×170×300
沿 GZ1 高度
间隔 1000 设置一道
GZ1
120
25 25

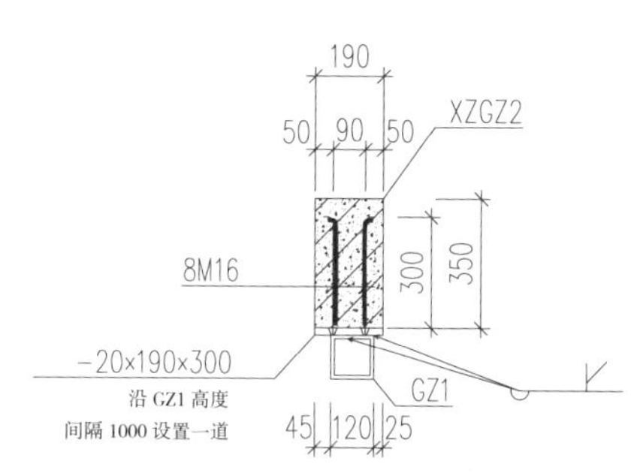

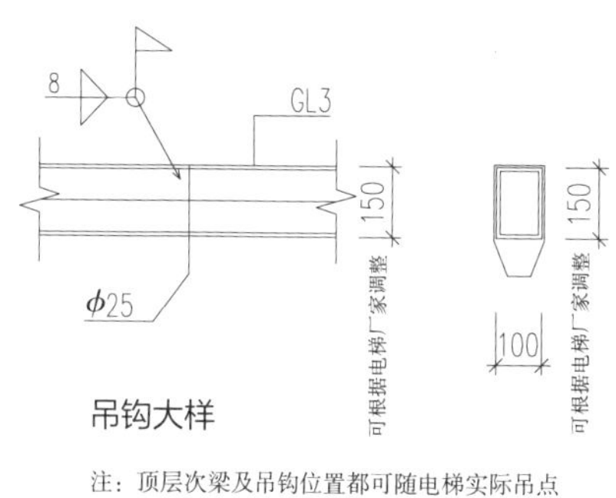

吊钩大样

注：顶层次梁及吊钩位置都可随电梯实际吊点进行调整。

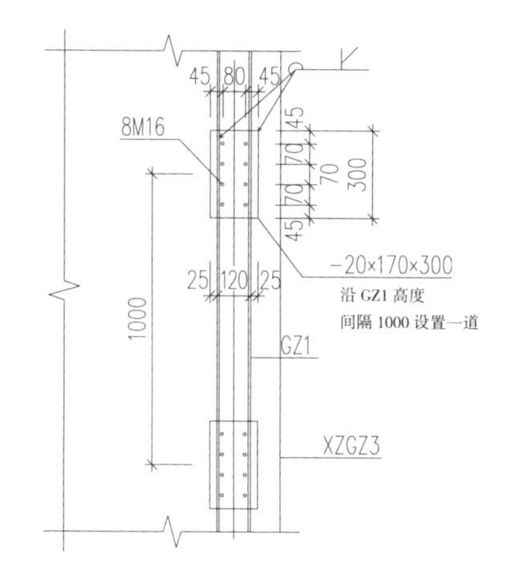

GZ1 与原结构连接大样 1

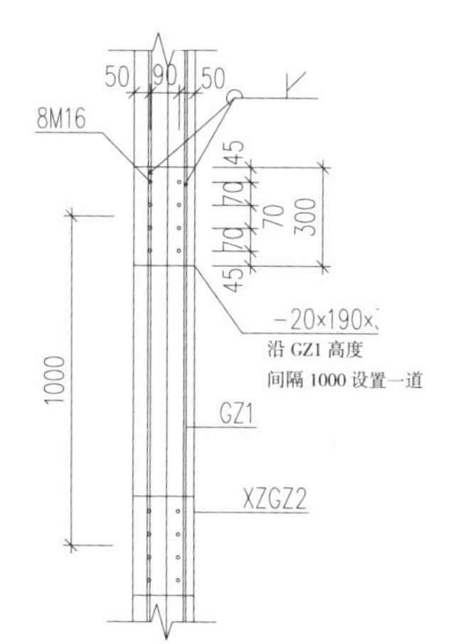

GZ1 与原结构连接大样 2

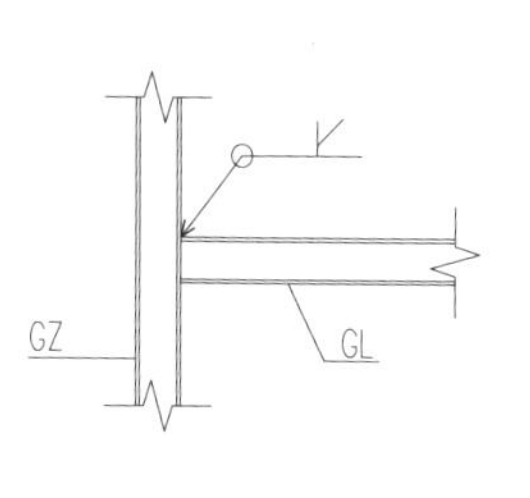

GZ 与 GL 连接大样

要点说明

新增电梯与既有住宅结构的水平连接宜采用扩底型锚栓、特殊倒锥形化学锚栓或植筋等方式锚固于既有住宅构造柱、圈梁、休息平台梁等混凝土构件中，且锚固应满足相关标准和设计要求。

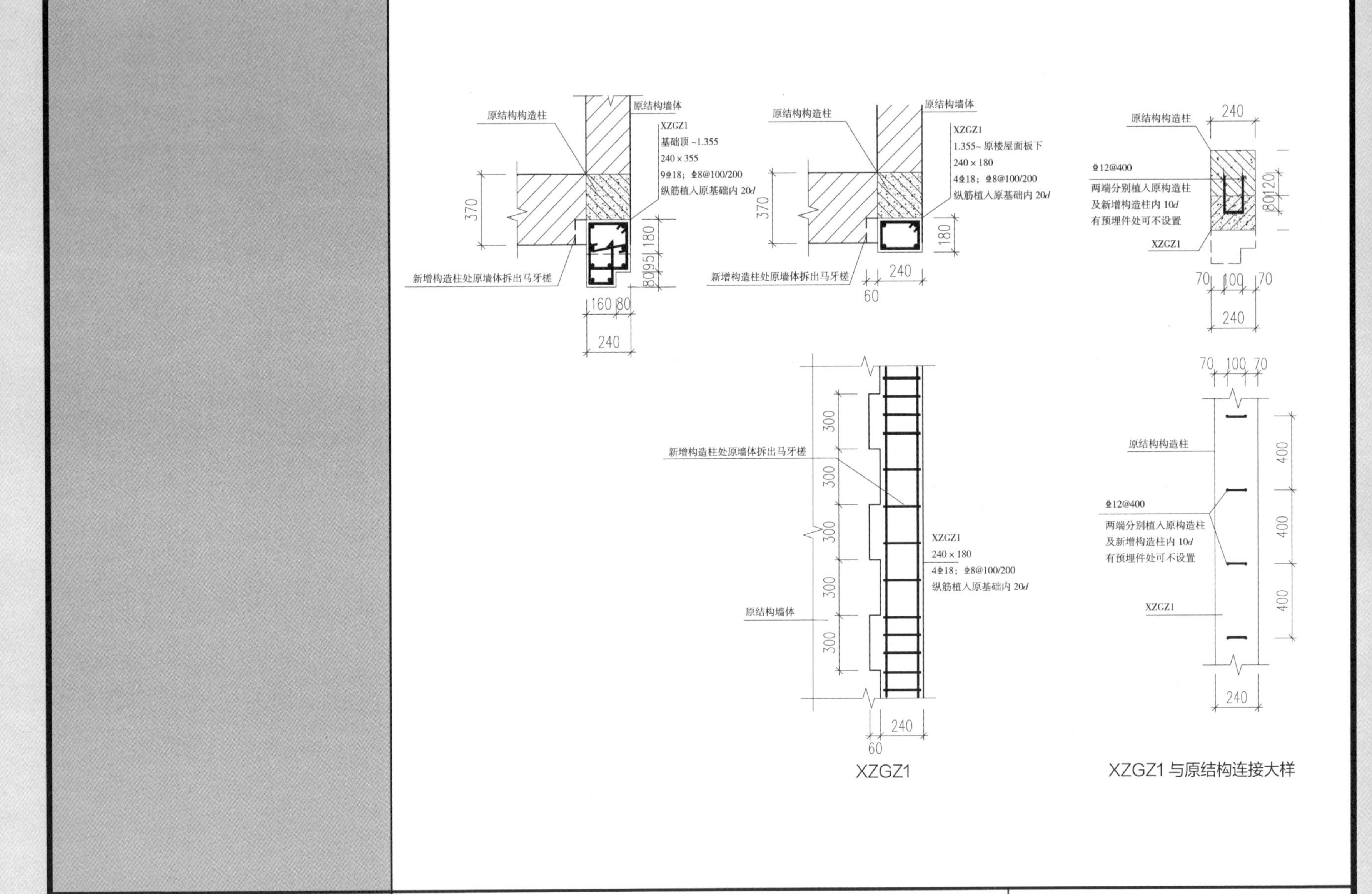

XZGZ1

XZGZ1 与原结构连接大样

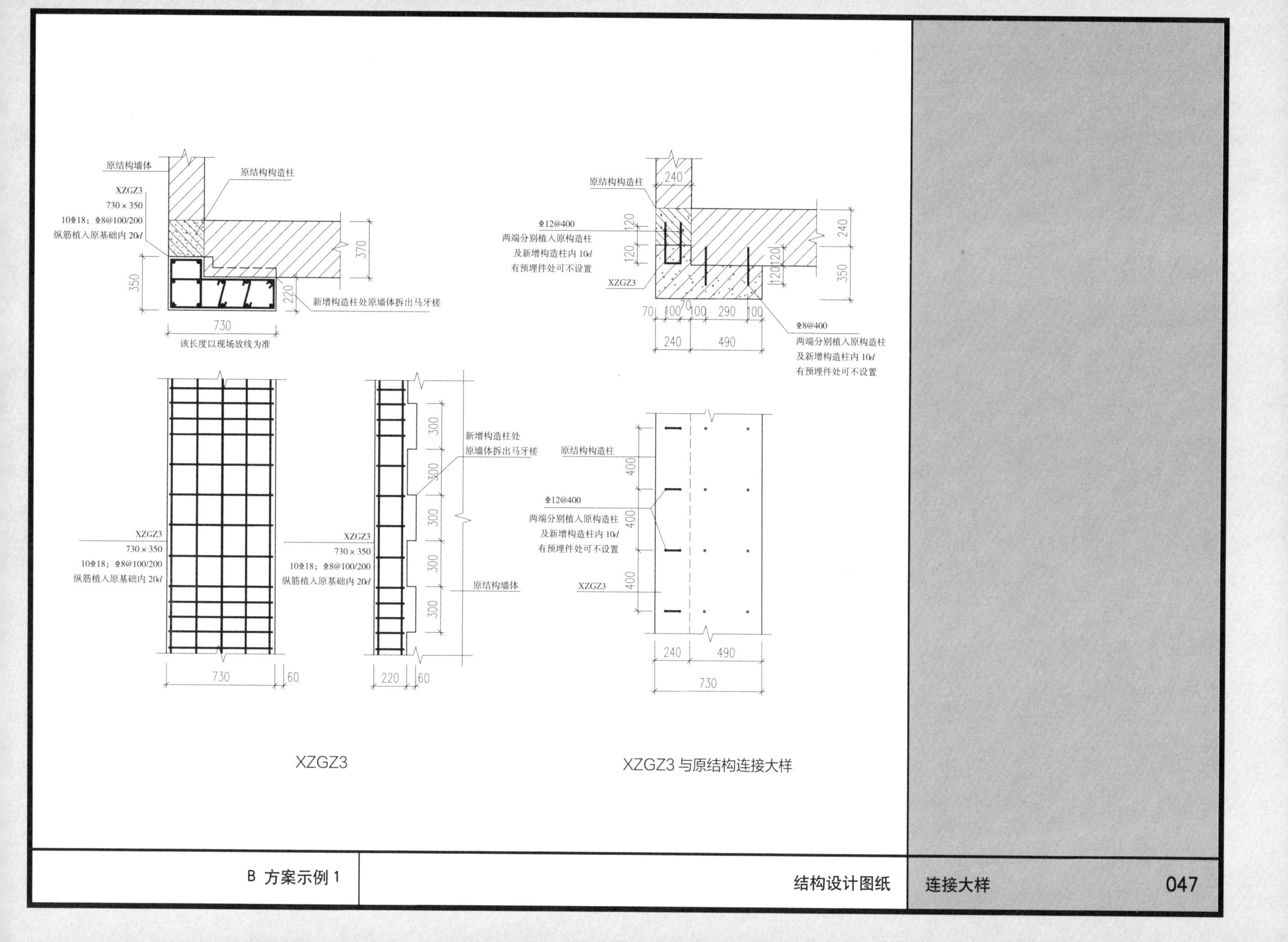

XZGZ3

XZGZ3 与原结构连接大样

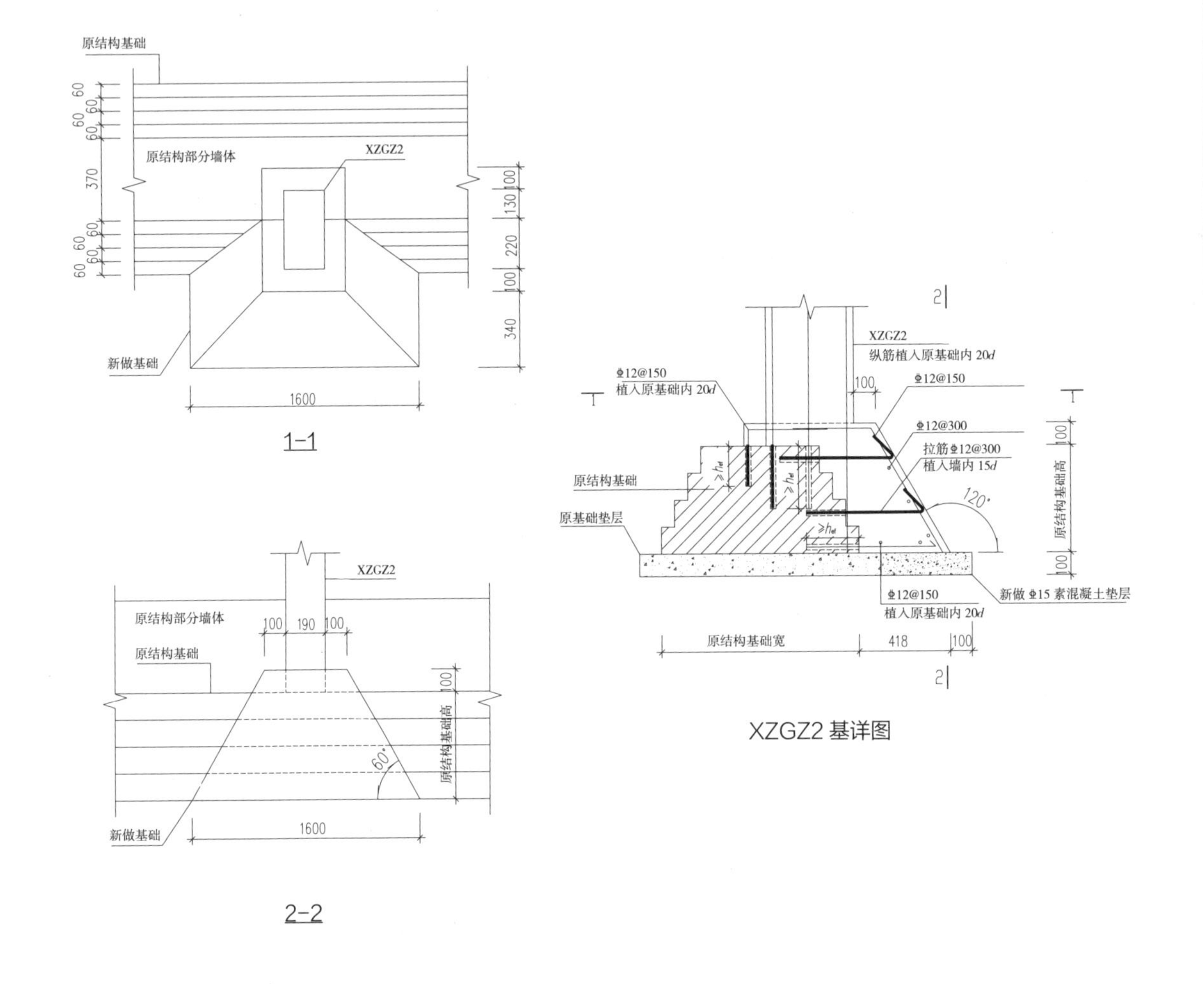

1-1

2-2

XZGZ2 基详图

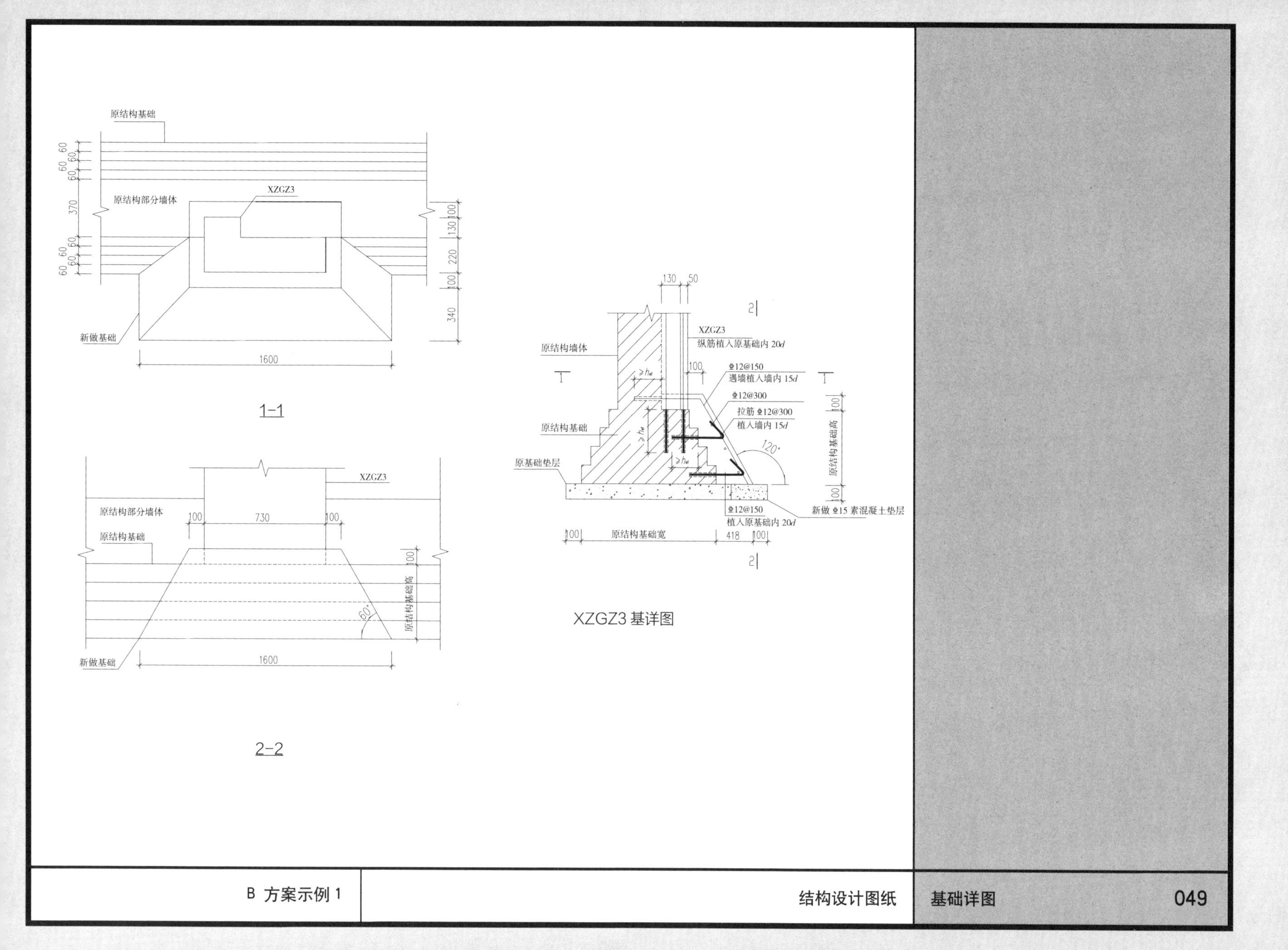
原结构基础
60 60 60 60
370
原结构部分墙体
XZGZ3
60 60 60 60
100
130
220
100
340
新做基础
1600
1-1
XZGZ3
原结构部分墙体
原结构基础
100
730
100
100
原结构基础高
60°
新做基础
1600
2-2
130
50
XZGZ3
纵筋植入原基础内20d
原结构墙体
100
⌀12@150
遇墙植入墙内15d
⌀12@300
拉筋 ⌀12@300
植入墙内15d
原结构基础
120°
原基础垫层
原结构基础高
100
100
⌀12@150
植入原基础内20d
新做 ⌀15 素混凝土垫层
100
原结构基础宽
418
100
XZGZ3 基详图

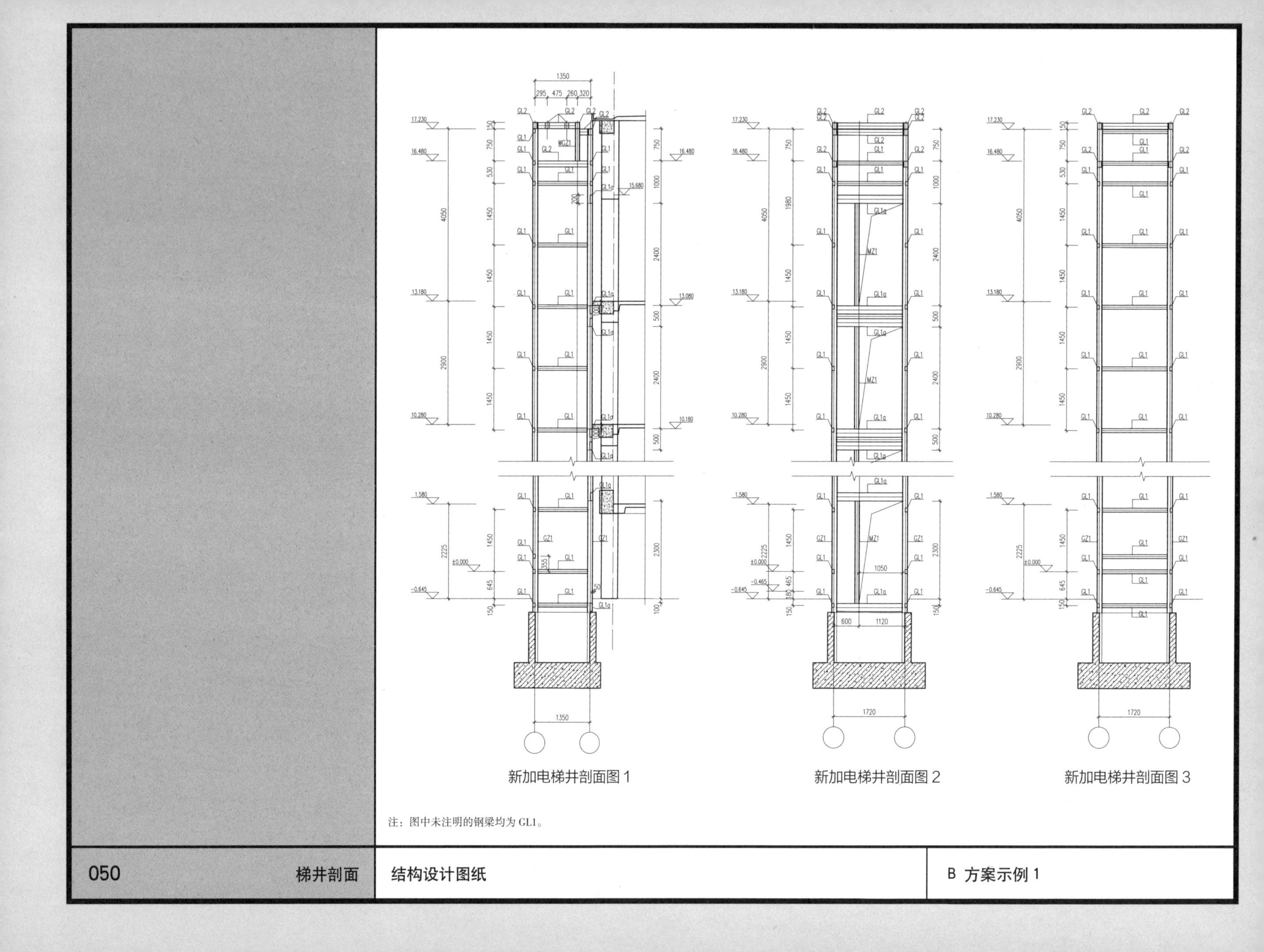

新加电梯井剖面图 1　　新加电梯井剖面图 2　　新加电梯井剖面图 3

注：图中未注明的钢梁均为 GL1。

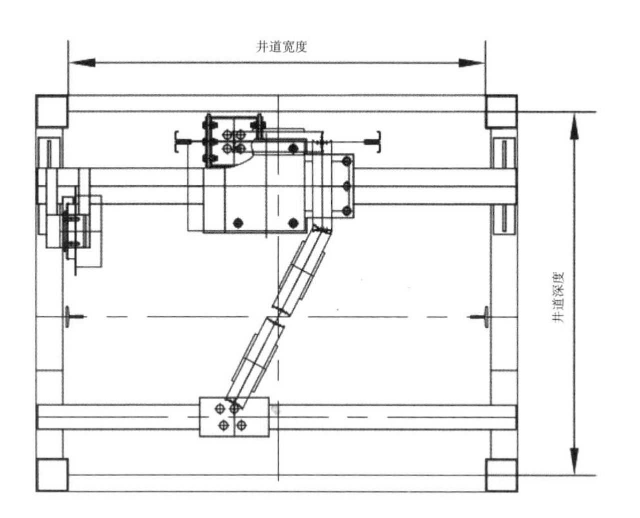

机房装置平面布置图

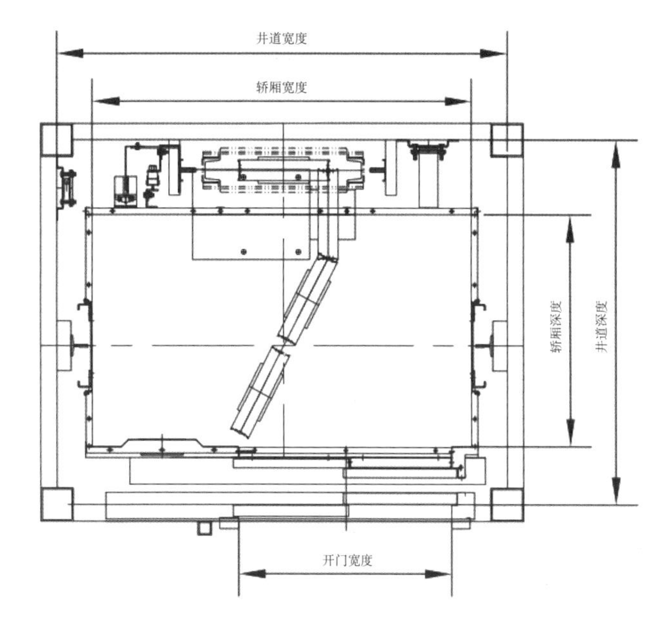

井道部件平面布置图

要点说明

1. 充分扩展轿厢的宽度，提高井道平面的利用率；

2. 将井道部件（平层、强迫换速、终端限位、井道电缆等）布置在对重两侧的空间，充分利用井道空间；

3. 将驱动柜布置在电梯顶层门洞的上方，节省候机厅空间；

4. 选用卧式主机、一体式轿厢吊顶等节省顶层空间。

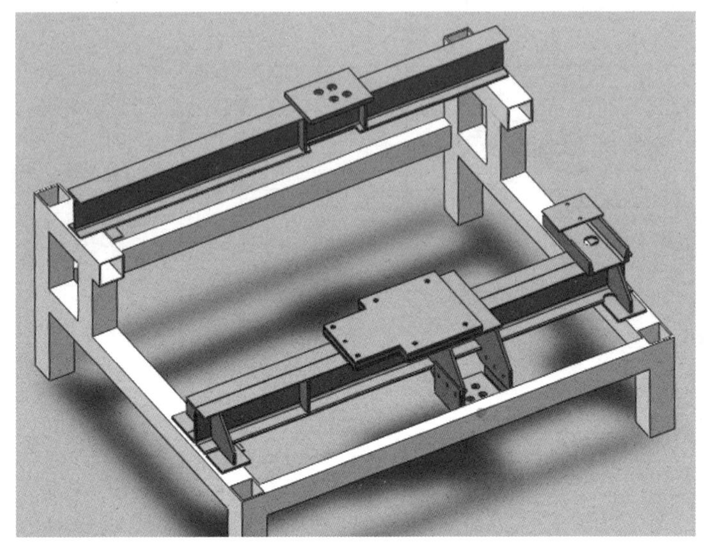

机房三维示意图

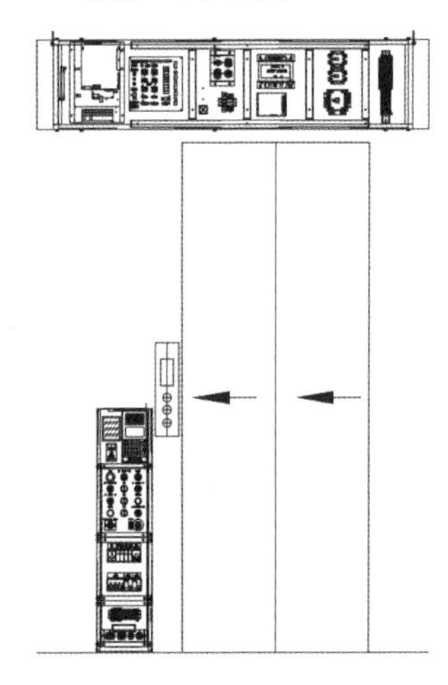

控制柜位置示意图

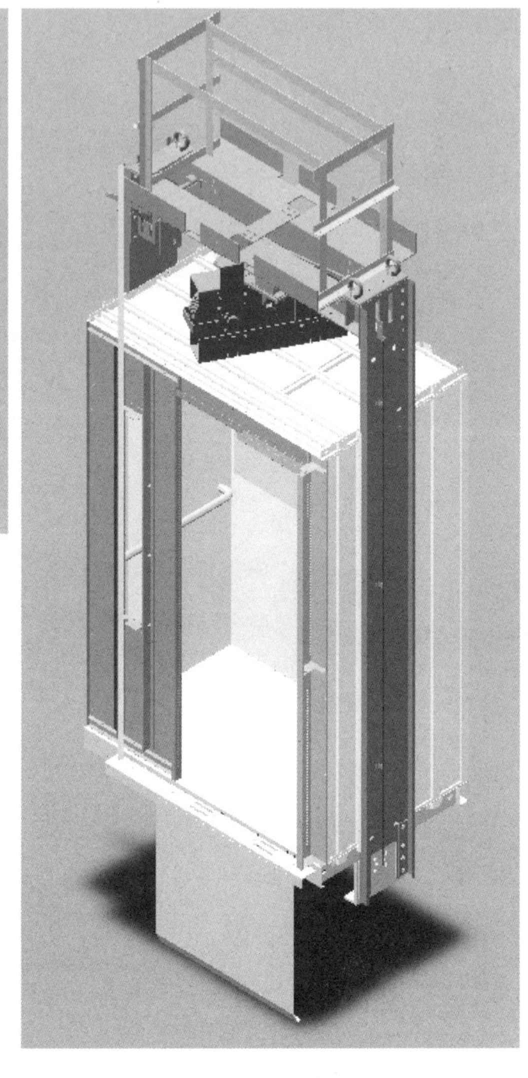

轿厢三维示意图

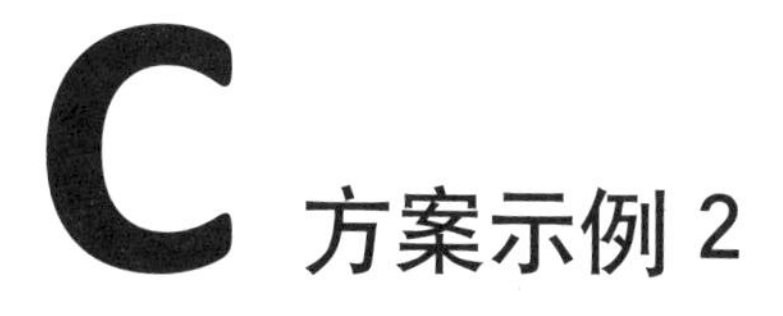

C 方案示例 2

建筑原始情况

加梯设计方案

建筑设计图纸

结构设计图纸

机电设备图纸

在这部分中，我们将向您介绍重庆地区某居民区内一栋7层住宅楼的加梯设计案例。原单元平面是加梯难度最大的凹进型楼梯间类型。

要点说明

本案例是重庆地区某居民区内的7层框架结构住宅楼，具有典型的南方建筑特色，底层设有加高层，以抵御雨水。楼栋为正南北向，共计4个单元，单元入口均向北，楼梯间在北侧，一梯四户，两户入户门在北侧楼梯间平台，另外两户在南侧楼梯间休息平台，标高相差1.5m，本幢楼四个单元均有加装电梯的需求及条件。

该幢楼因其住户楼面标高的特殊设计，只能通过北侧的楼梯间作为公共通道，以满足楼层同层住户但楼面标高不一致的楼梯使用需求，北侧为小区内部道路，有机动车和非机动车混合车道、人行道路，综合考量相邻建筑物的距离和原小区消防通道的设置，以及建筑物楼梯间前侧采光井尺寸，采用的是电梯出入口东西向布置，通过增设连廊，在2.6m的内净宽通道，预留整栋楼的消防通道，在天井的东西外墙贴附式加装小型化电梯。

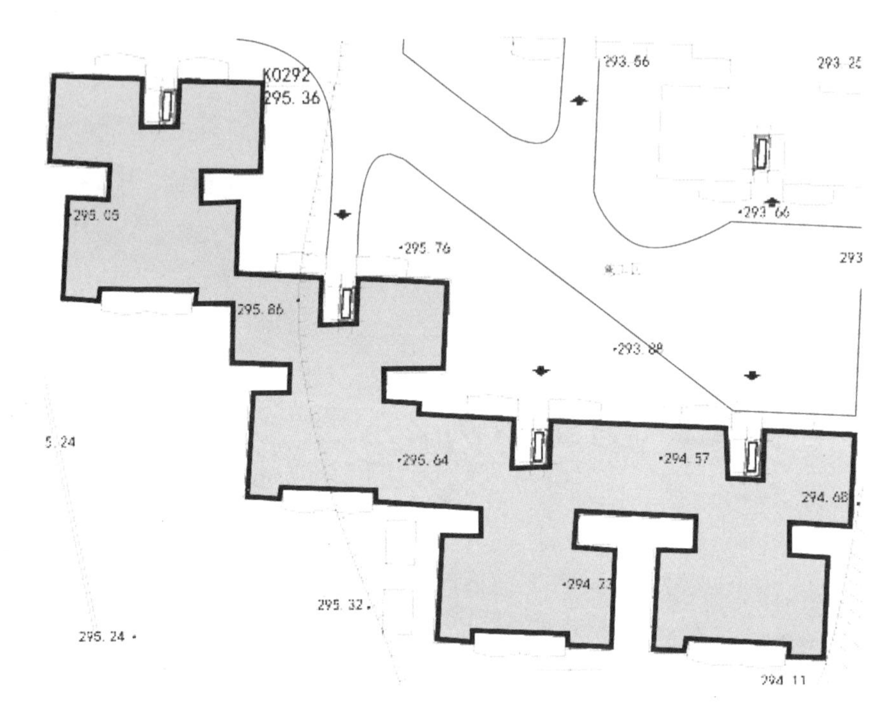

（a）北侧外部空间为绿化

（b）北侧外部空间为窄路

（c）北侧外部空间为车行道

（d）北侧楼梯间前庭纵深

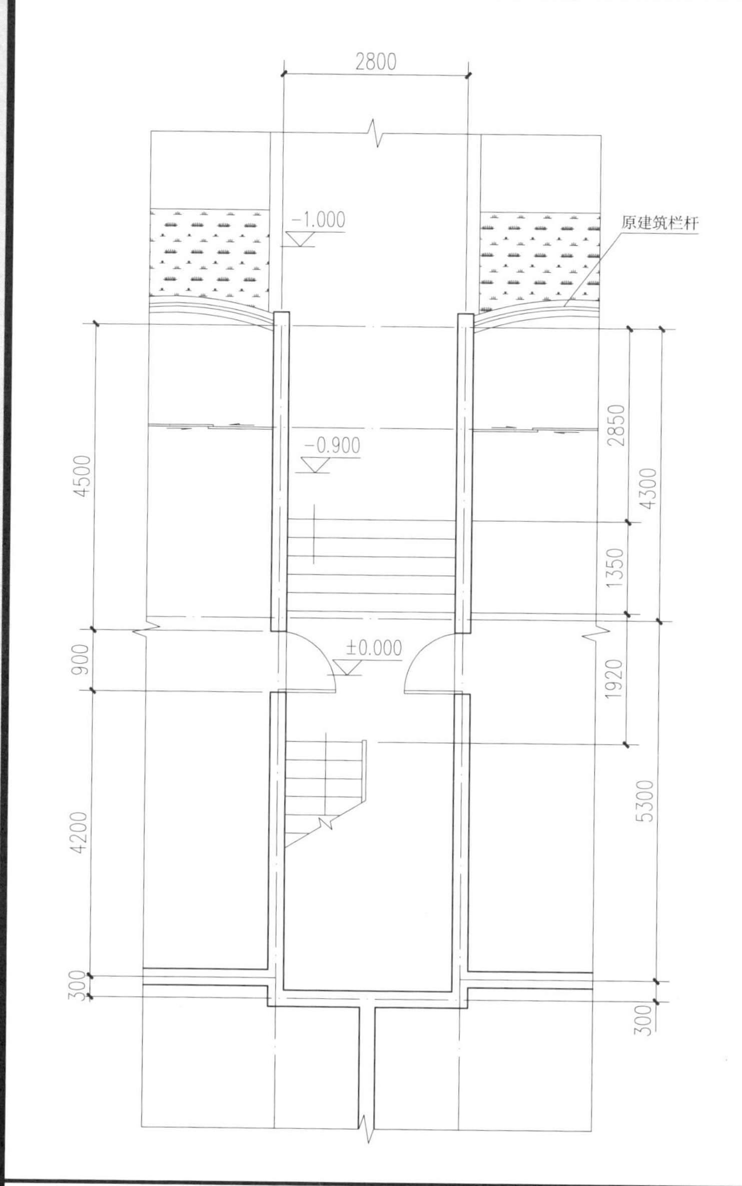

要点说明

加梯前对电梯周围的原建筑环境和结构情况进行初步摸底，包括净宽、净深、投影位置是否存在其他结构构件。

现场实际情况相对比较单一，因为电梯实际建筑投影是在原建筑基础之上，与外围道路和绿化不产生干涉，通道内净空2600mm，底层架高900mm，天井跨度4500mm，层高3000mm，底层有电表箱、简易雨篷、报刊栏等附属功能部件，原建筑物楼梯间窗口为镂空，入户门结构上有混凝土浇筑的雨篷。

要点说明

原建筑物楼梯间内净宽2610mm，疏散通道属于直通型结构，加梯设计需要保证加梯后实际的疏散通道宽度不小于1100mm。方案中将疏散通道设为1310mm，考虑井道与建筑物外墙预留伸缩缝，实际的井道开间设置为1150mm。

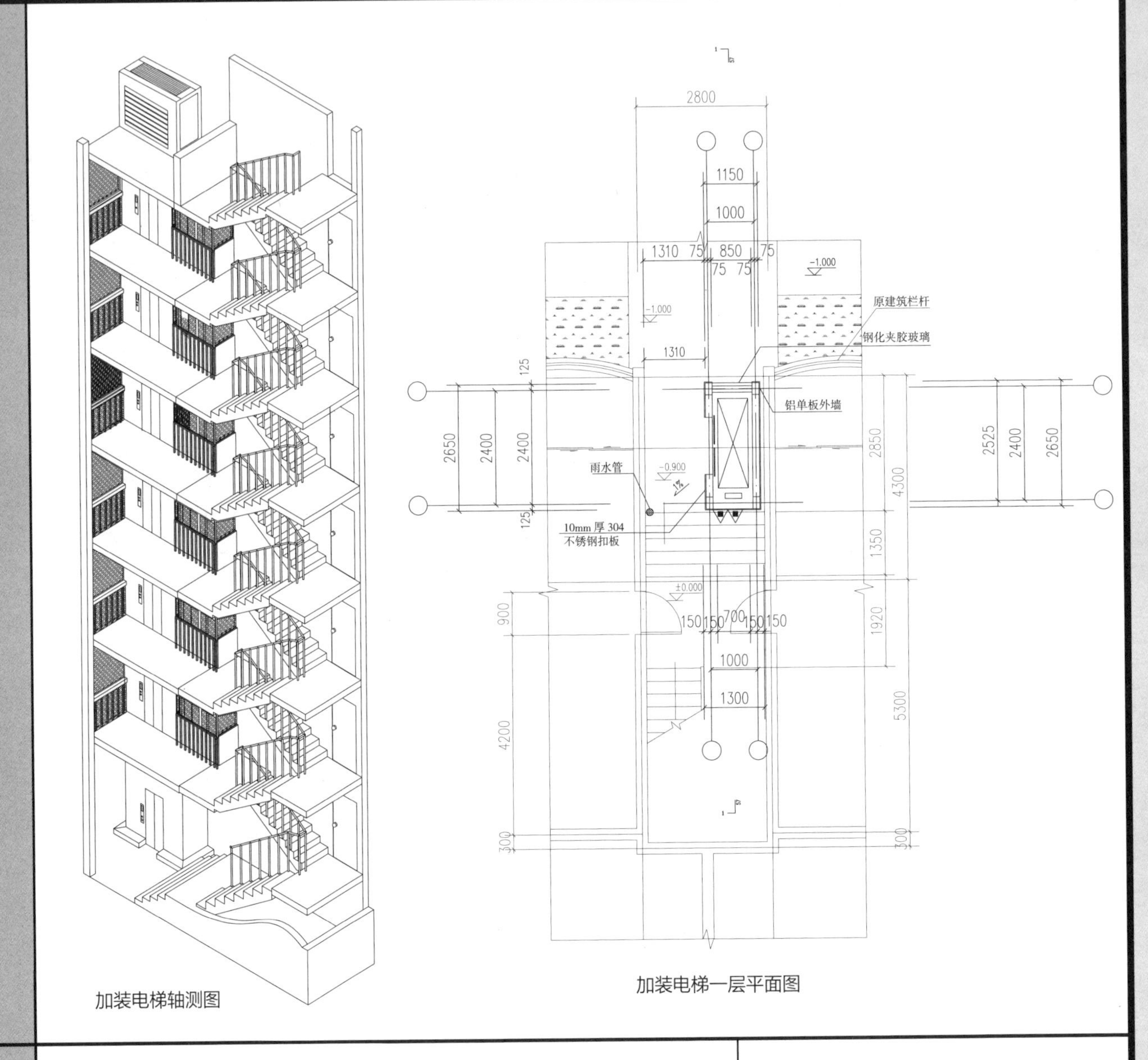

加装电梯轴测图

加装电梯一层平面图

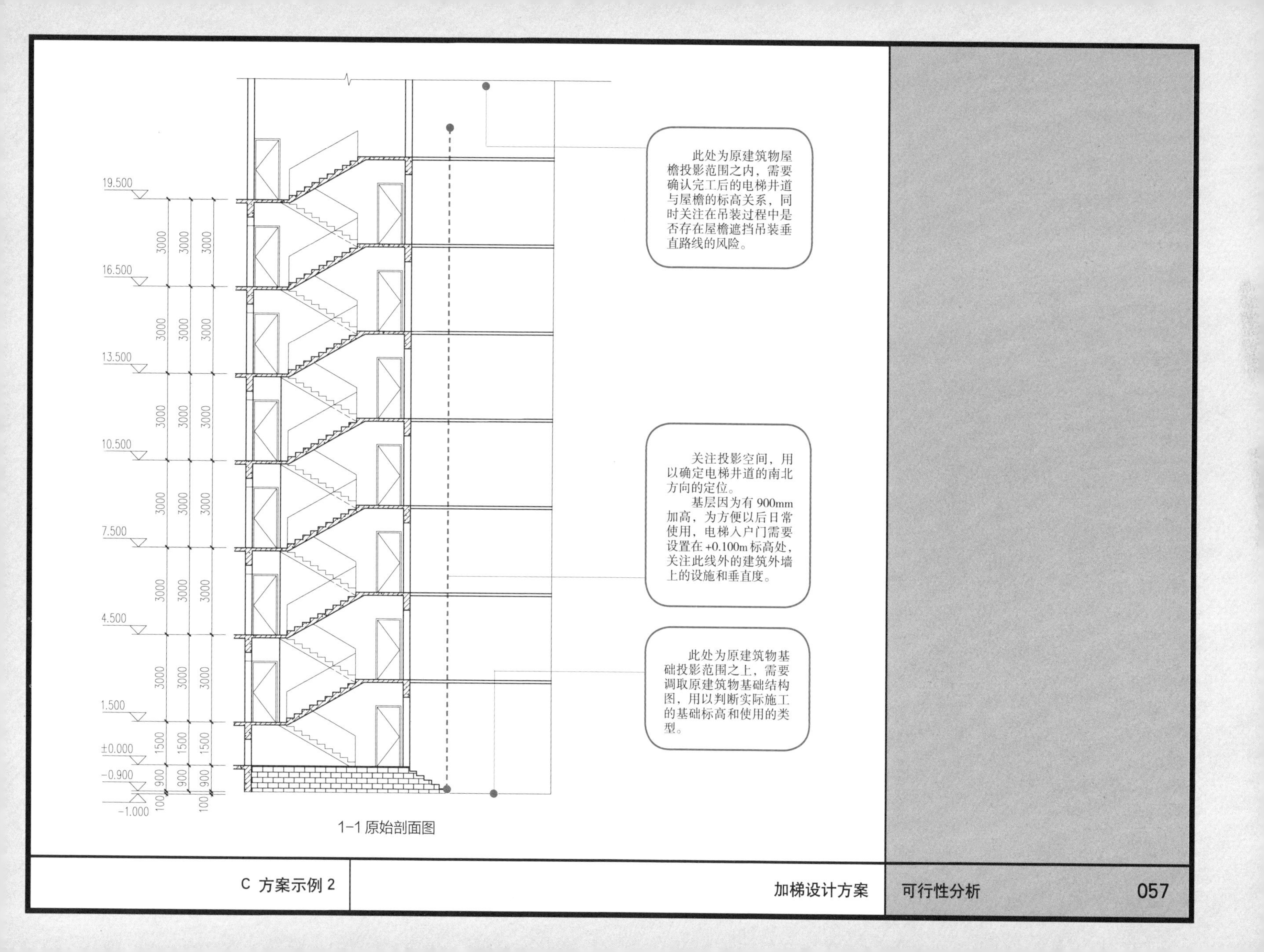
19.500
16.500
13.500
10.500
7.500
4.500
1.500
±0.000
-0.900
-1.000
3000
1500
900
100
此处为原建筑物屋檐投影范围之内，需要确认完工后的电梯井道与屋檐的标高关系，同时关注在吊装过程中是否存在屋檐遮挡吊装垂直路线的风险。
关注投影空间，用以确定电梯井道的南北方向的定位。
基层因为有900mm加高，为方便以后日常使用，电梯入户门需要设置在+0.100m标高处，关注此线外的建筑外墙上的设施和垂直度。
此处为原建筑物基础投影范围之上，需要调取原建筑物基础结构图，用以判断实际施工的基础标高和使用的类型。

1-1 原始剖面图

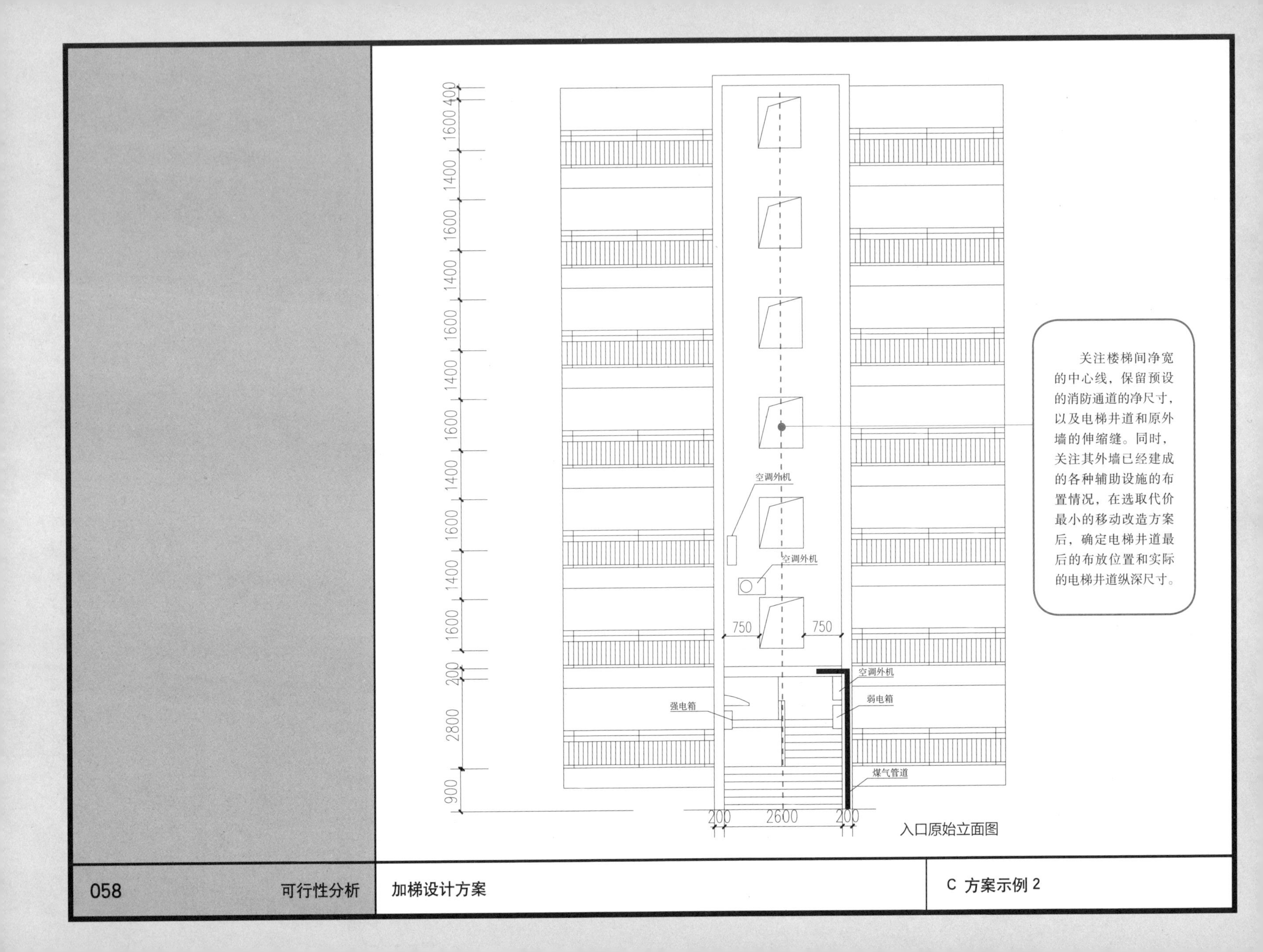
400
1600
1400
1600
1400
1600
1400
1600
1400
1600
1400
1600
200
2800
900
750
750
200
2600
200
空调外机
空调外机
空调外机
强电箱
弱电箱
煤气管道
关注楼梯间净宽的中心线，保留预设的消防通道的净尺寸，以及电梯井道和原外墙的伸缩缝。同时，关注其外墙已经建成的各种辅助设施的布置情况，在选取代价最小的移动改造方案后，确定电梯井道最后的布放位置和实际的电梯井道纵深尺寸。

入口原始立面图

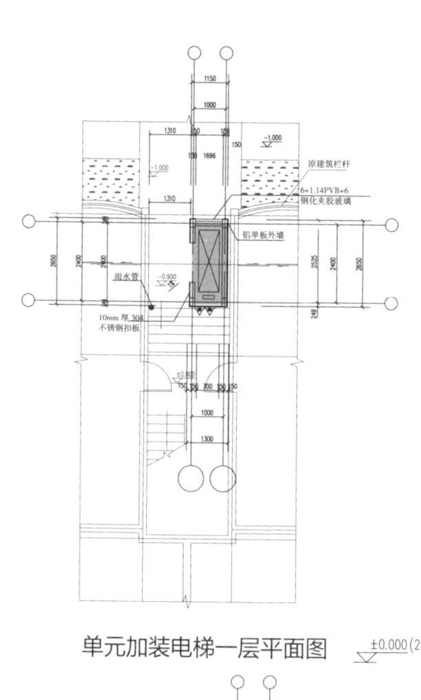

单元加装电梯一层平面图 ±0.000 (294.200)

单元加装电梯二层平面图 3.000

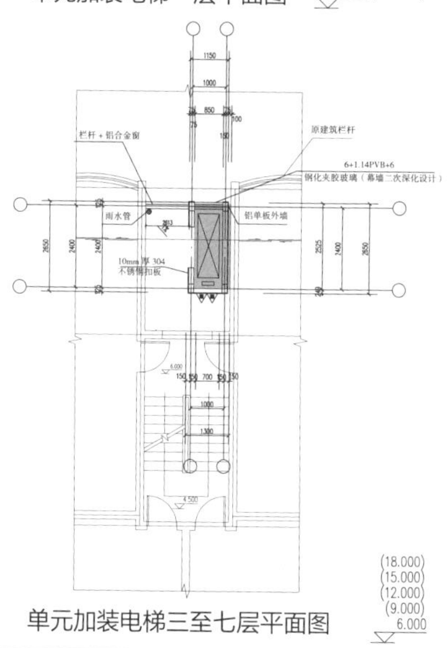

单元加装电梯三至七层平面图 (18.000) (15.000) (12.000) (9.000) 6.000

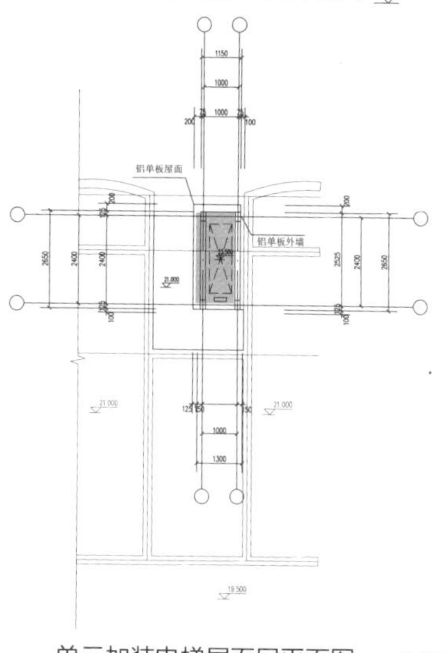

单元加装电梯屋面层平面图 21.000

要点说明

小型化电梯按东西向布置，贴附在楼梯间东侧外墙处，利用其狭长的特点，保留直通型疏散通道。

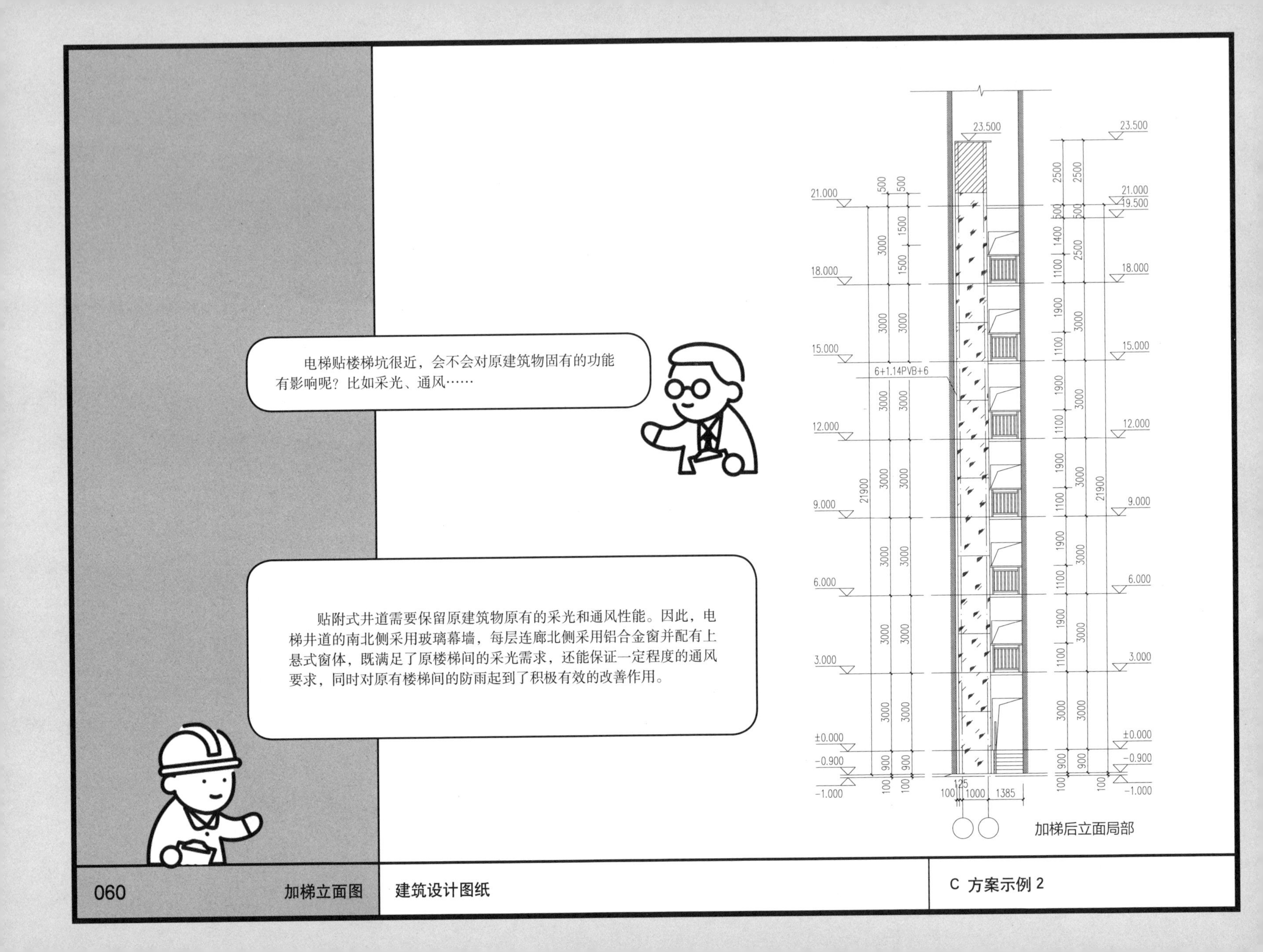
电梯贴楼梯坑很近，会不会对原建筑物固有的功能有影响呢？比如采光、通风……
贴附式井道需要保留原建筑物原有的采光和通风性能。因此，电梯井道的南北侧采用玻璃幕墙，每层连廊北侧采用铝合金窗并配有上悬式窗体，既满足了原楼梯间的采光需求，还能保证一定程度的通风要求，同时对原有楼梯间的防雨起到了积极有效的改善作用。
23.500
21.000
19.500
18.000
15.000
12.000
9.000
6.000
3.000
±0.000
-0.900
-1.000
6+1.14PVB+6
21900
1385

加梯后立面局部

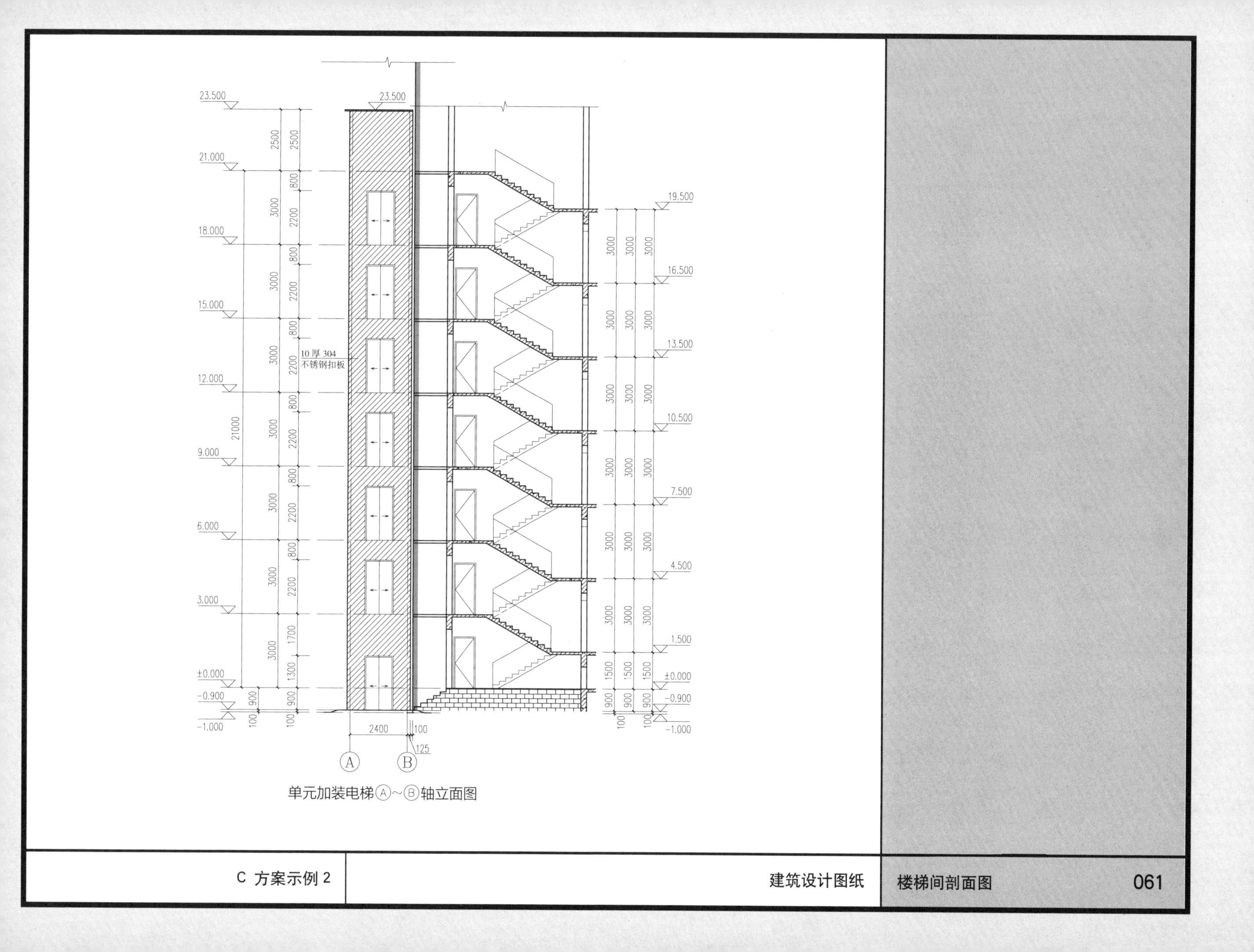
23.500
21.000
18.000
15.000
12.000
9.000
6.000
3.000
±0.000
-0.900
-1.000
10厚304
不锈钢扣板
19.500
16.500
13.500
10.500
7.500
4.500
1.500
2400
A
B
单元加装电梯Ⓐ~Ⓑ轴立面图

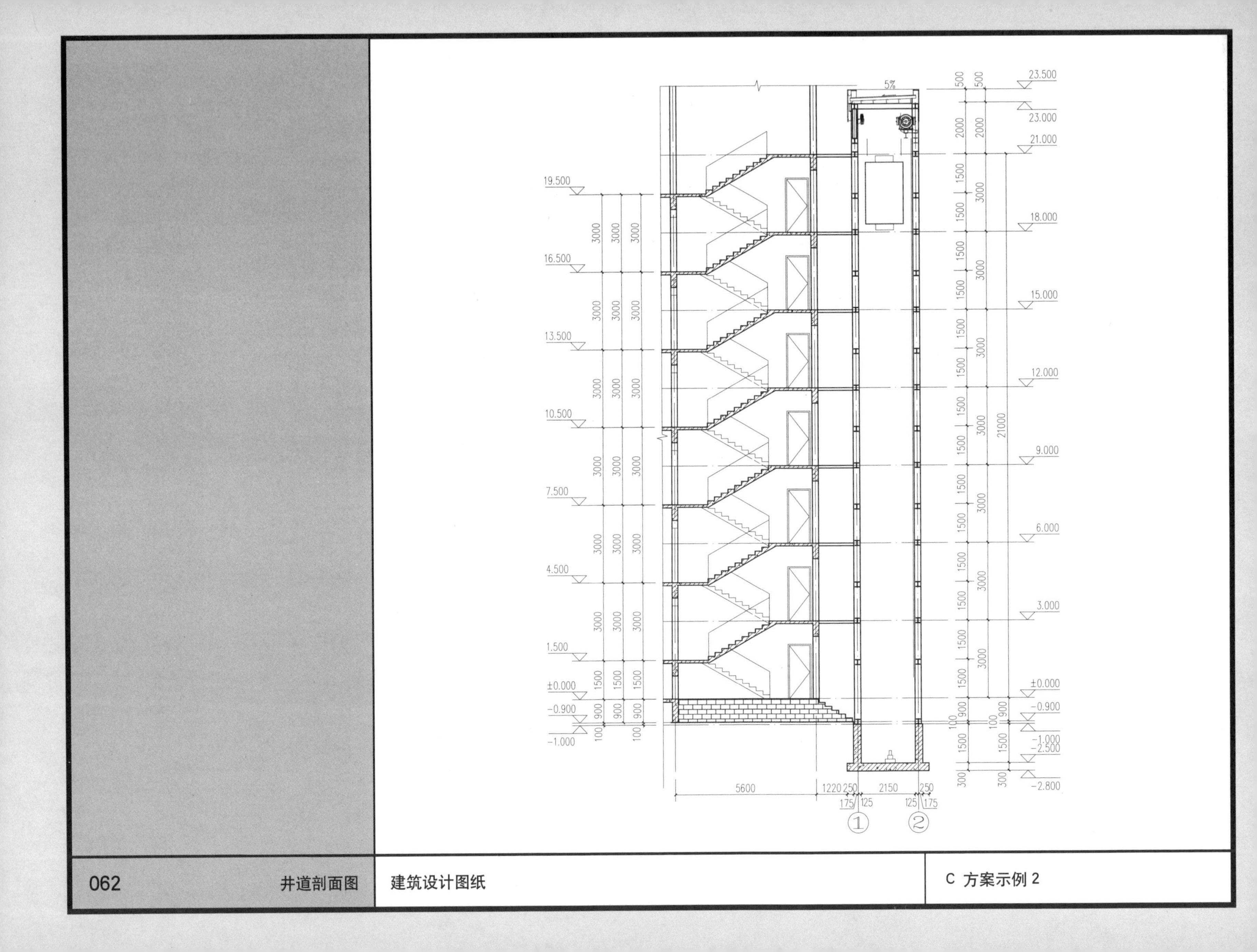
5%
23.500
23.000
21.000
18.000
15.000
12.000
9.000
6.000
3.000
±0.000
-0.900
-1.000
-2.500
-2.800
19.500
16.500
13.500
10.500
7.500
4.500
1.500
±0.000
-0.900
-1.000
21000
5600
1220
250
2150
250
175
125
125
175
①
②

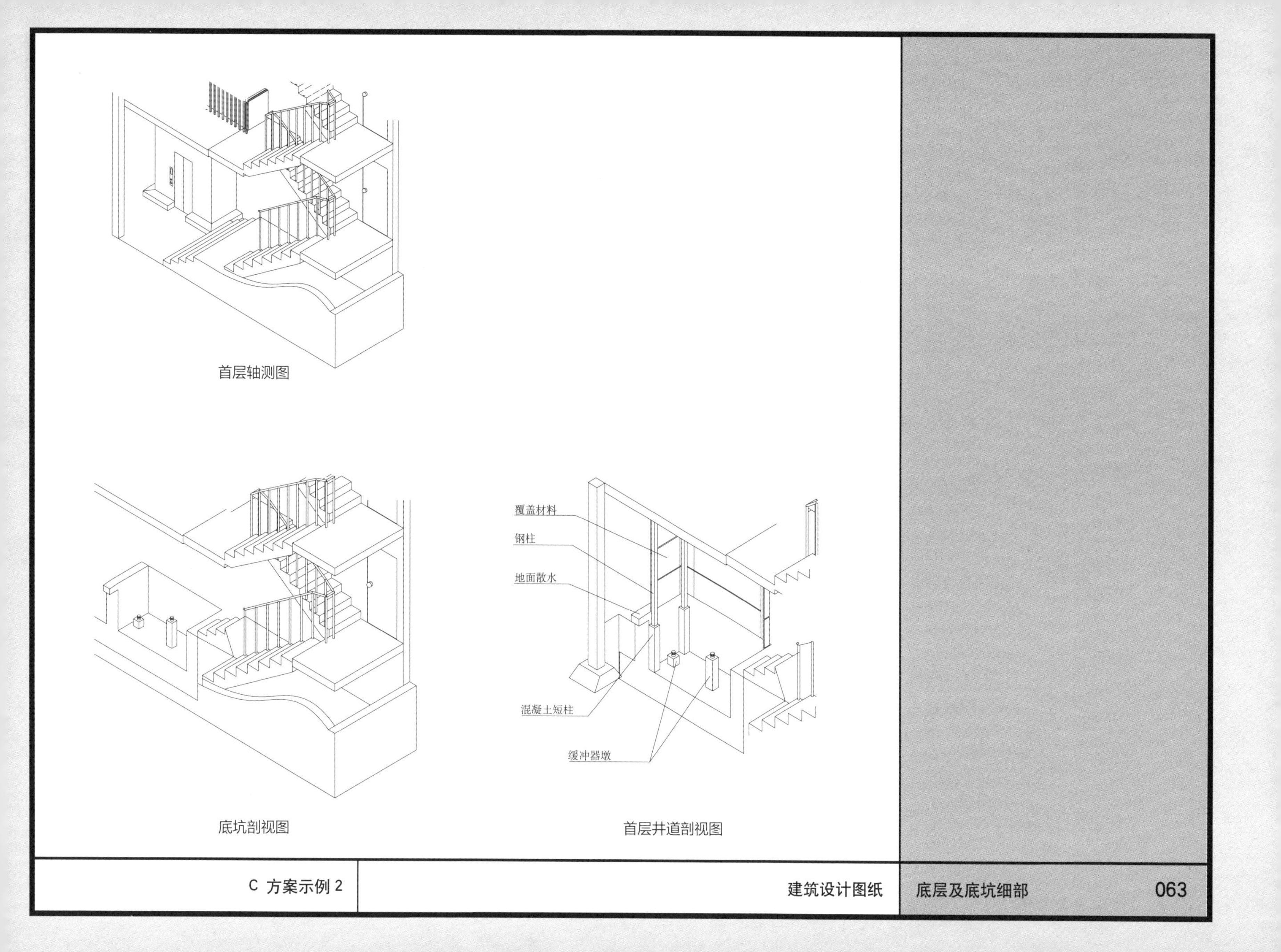
首层轴测图
底坑剖视图
覆盖材料
钢柱
地面散水
混凝土短柱
缓冲器墩
首层井道剖视图

要点说明

采用金属屋面，方便快捷、灵活多变。参照《压型金属板建筑构造》17J 925—1，将屋顶设计为有组织排水，连同顶层连廊屋面，做高低跨连续排水结构。

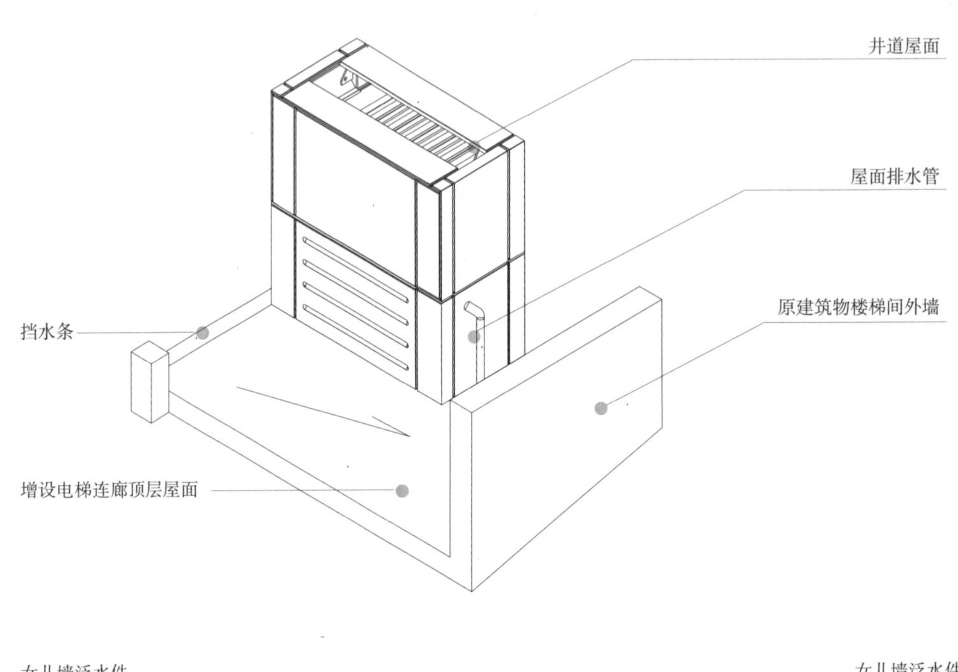

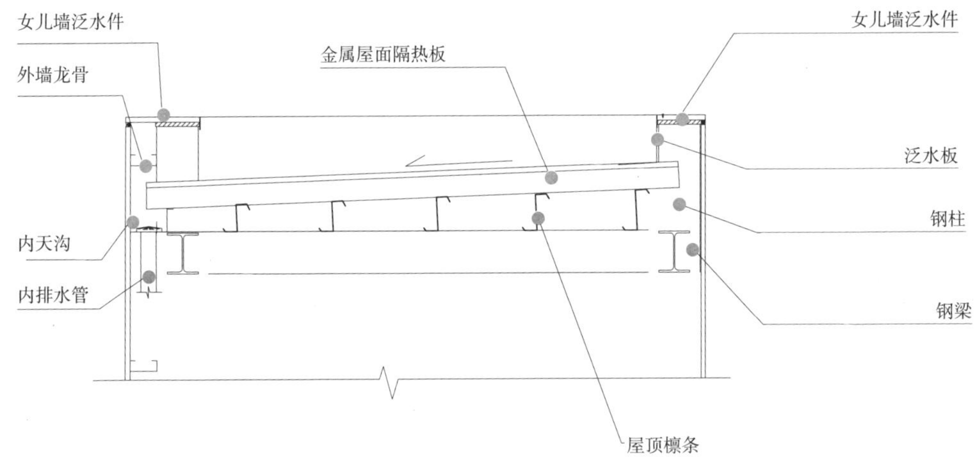

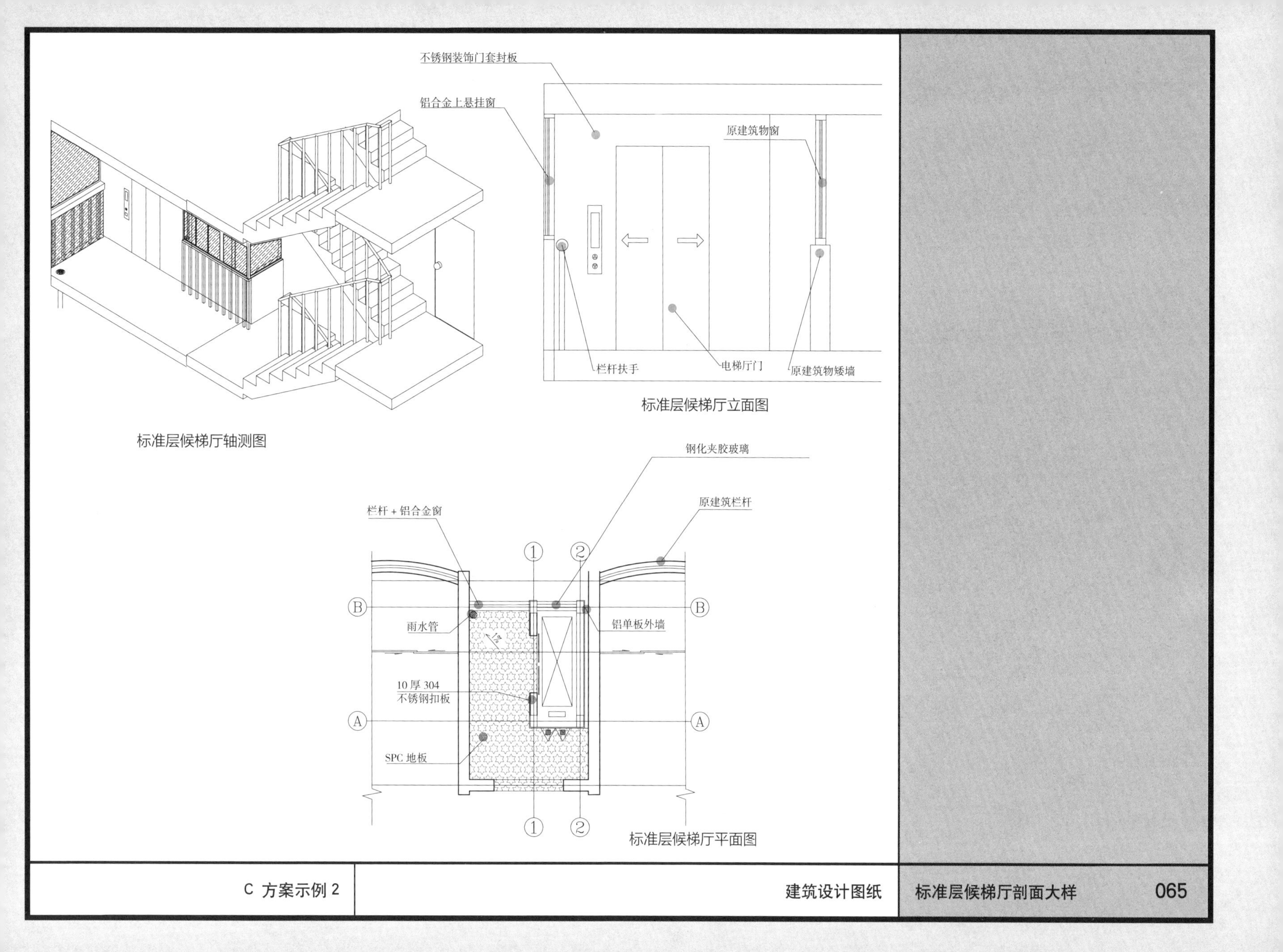

标准层候梯厅轴测图

标准层候梯厅立面图

标准层候梯厅平面图

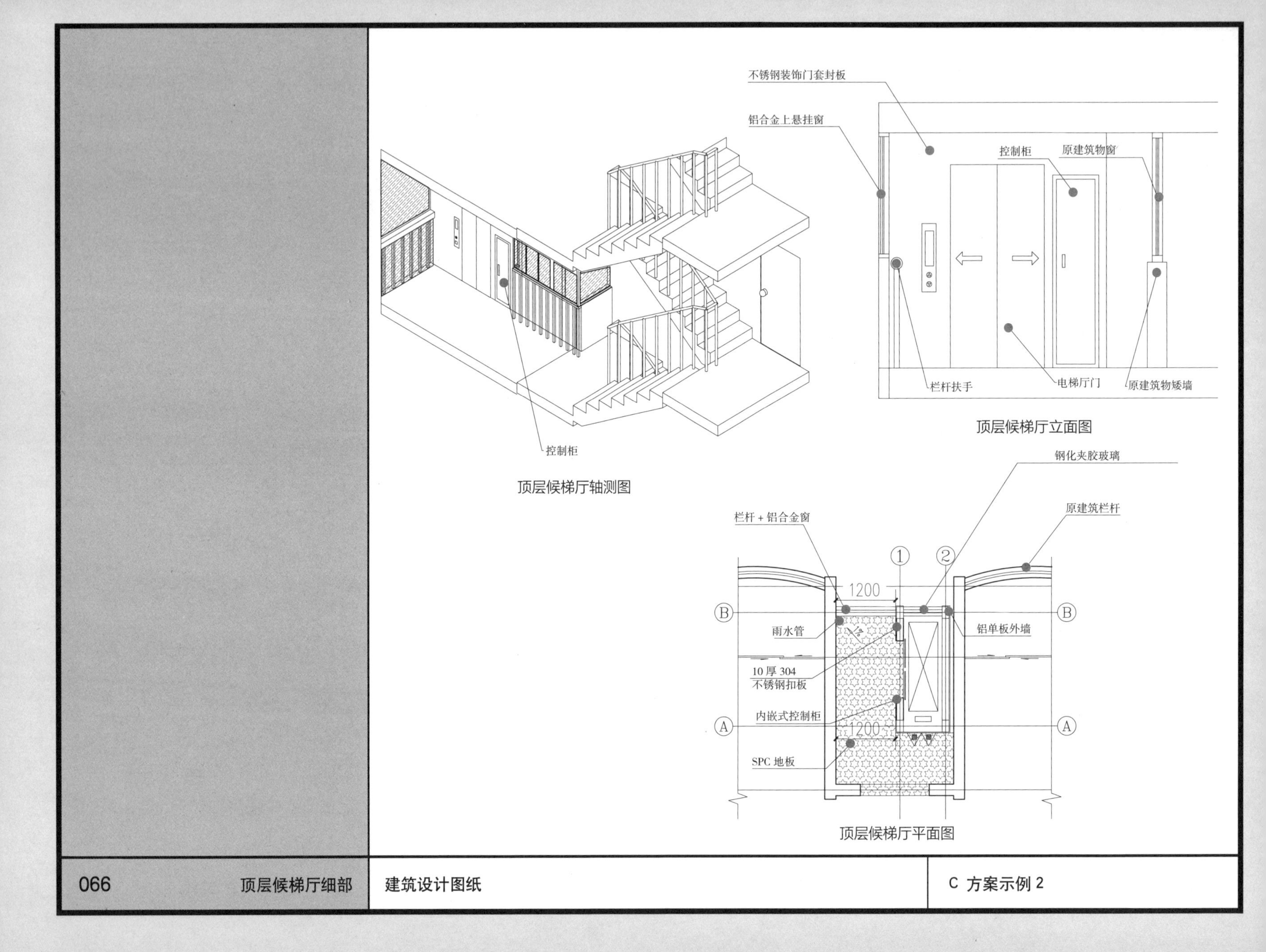

顶层候梯厅立面图

顶层候梯厅轴测图

顶层候梯厅平面图

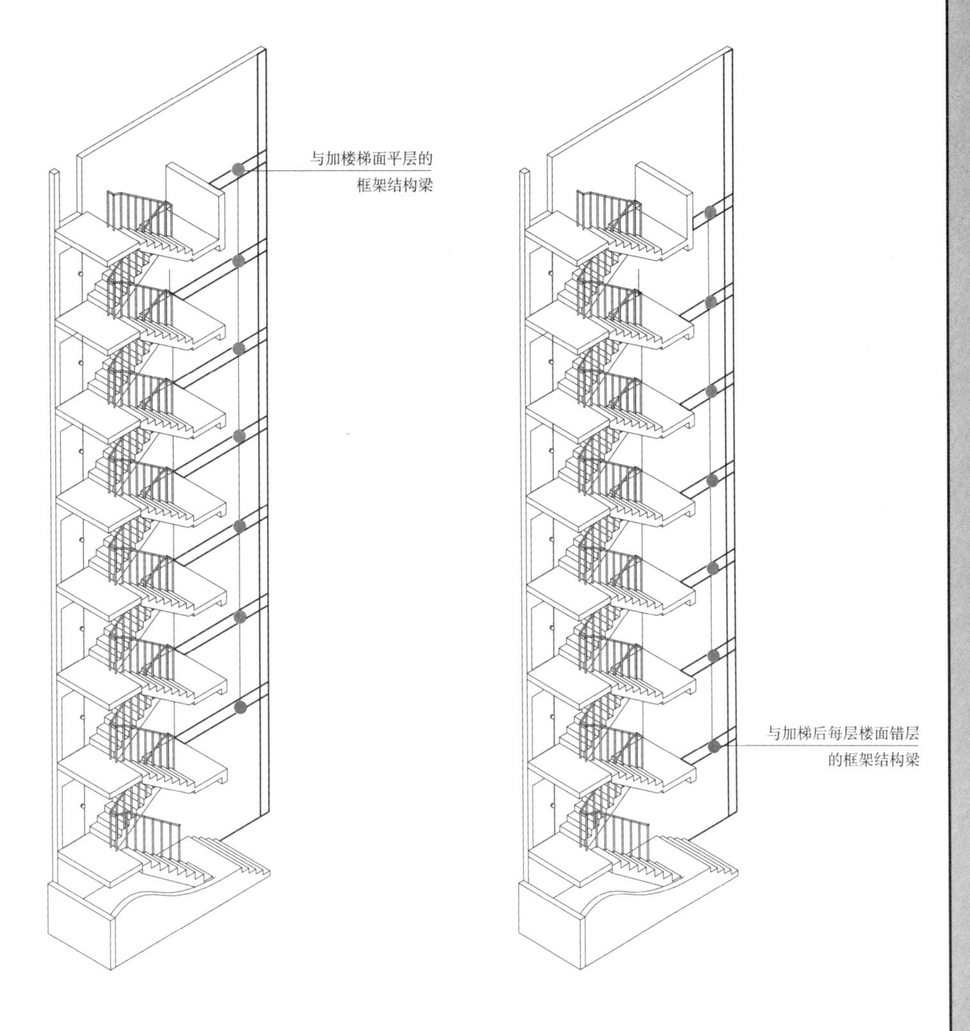

要点说明

结合原建筑物的楼梯间两侧外墙结构，连廊的水平受力节点会有两种不同的情况：左图中，楼梯间平台的梁与建筑物北侧楼板结构梁等高，那么电梯井连廊平台的结构点可以设置在楼层板梁上；右图中，建筑物北侧楼板结构梁与建筑物南侧楼层板梁等高，连廊平台的结构点无法直接与建筑物连接，只能通过构造钢梁或混凝土梁作为锚固节点，如果要借助框架结构柱，柱的位置是与最终设置的电梯井的立柱是否在同一轴线是选择其为结构点的要素。

要点说明

判断了原建筑物结构锚固点的实际状况，在连廊的设置方面，就可以有向导式的设计路线。此类内凹进型空间结构中，钢结构跨度方向有实体结构存在，对建立候梯平台有非常大的利用价值，同时提高了钢结构井道本梯的刚度，减少了水平位移。

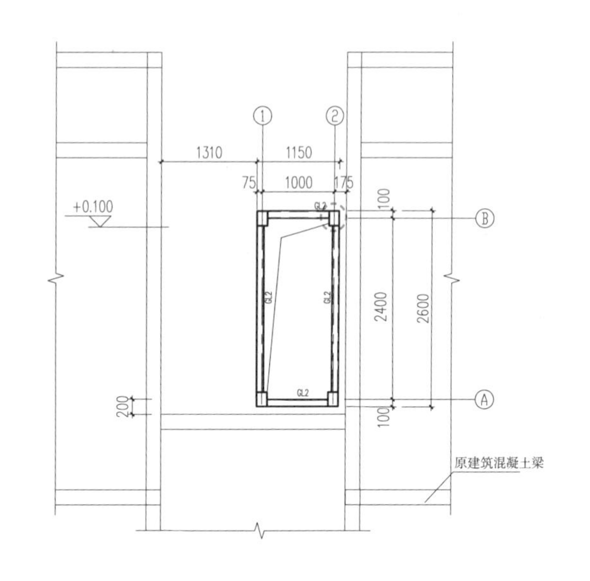

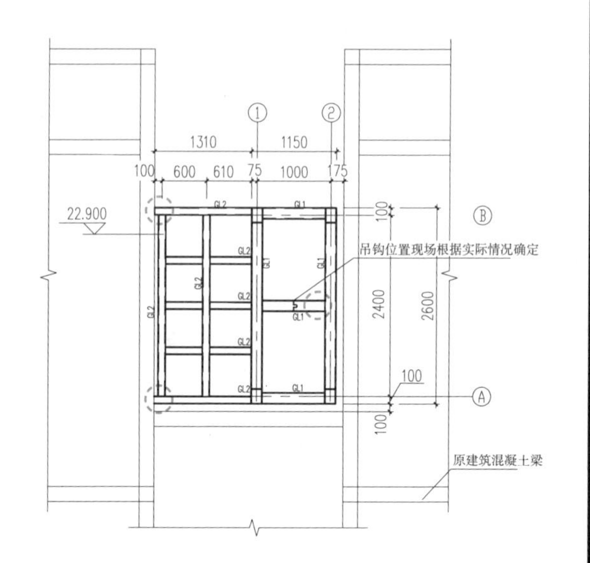

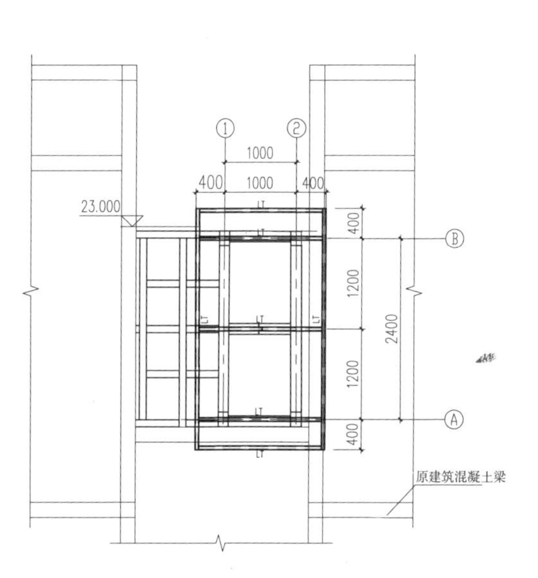

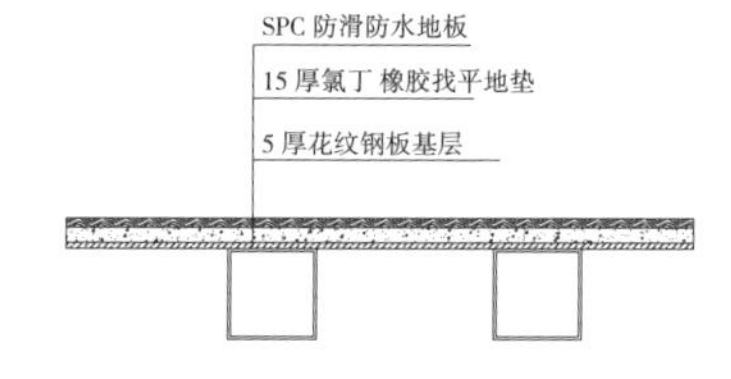

楼面做法大样图 1 （适用于中部）

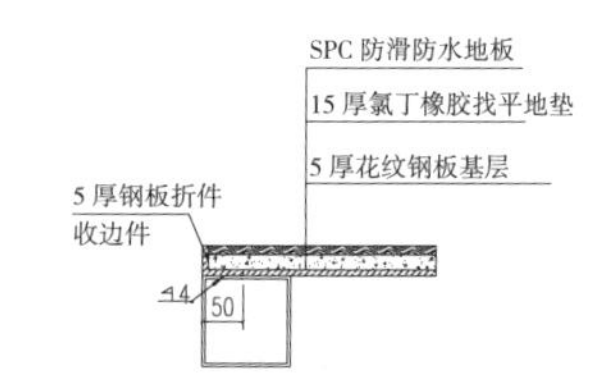

楼面做法大样图 2 （适用于边跨）

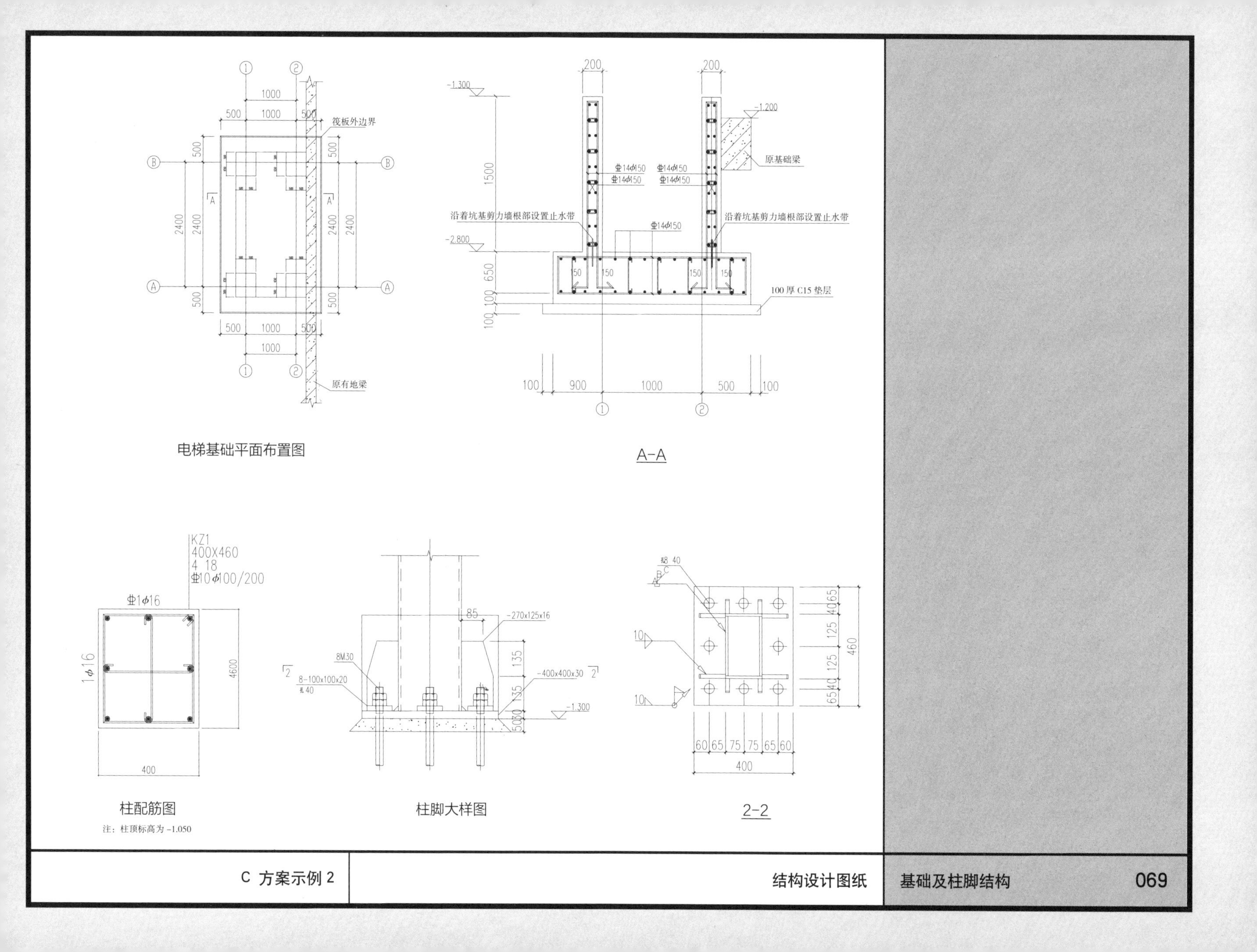
筏板外边界
原有地梁
电梯基础平面布置图
沿着坑基剪力墙根部设置止水带
原基础梁
100厚 C15 垫层
A–A
KZ1
400X460
柱配筋图
注：柱顶标高为 -1.050
柱脚大样图
2–2
C 方案示例 2
结构设计图纸
基础及柱脚结构
069

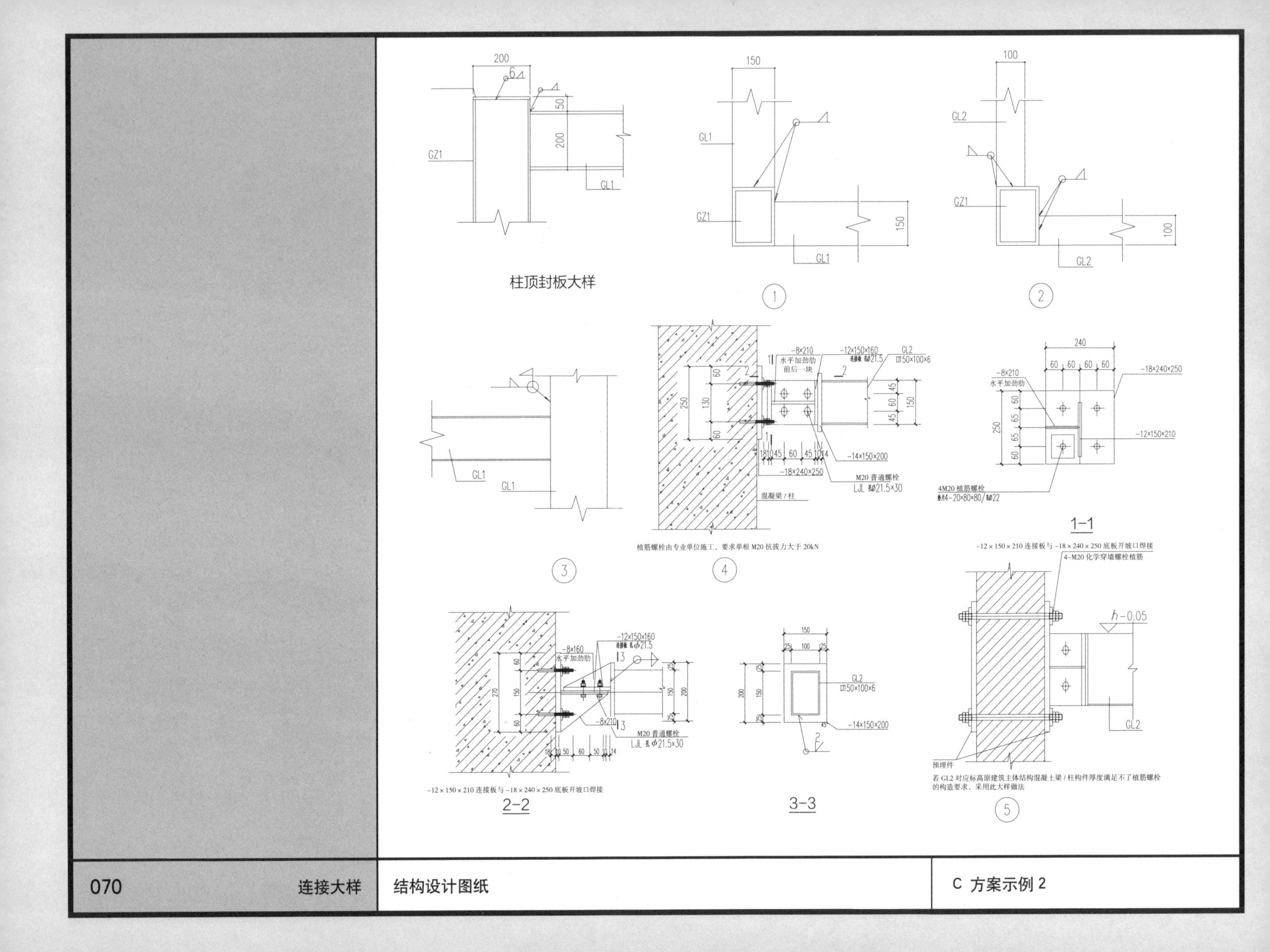

柱顶封板大样
GZ1
GL1
GL2
①
②
③
④
⑤
1-1
2-2
3-3
水平加劲肋
前后一块
-8×210
-12×150×160
-14×150×200
-18×240×250
-12×150×210
□150×100×6
M20 普通螺栓
LJL 孔Φ21.5×30
4M20 植筋螺栓
混凝梁 / 柱
植筋螺栓由专业单位施工，要求单根 M20 抗拔力大于 20kN
-12 × 150 × 210 连接板与 -18 × 240 × 250 底板开坡口焊接
4-M20 化学穿墙螺栓植筋
h-0.05
预埋件
若 GL2 对应标高原建筑主体结构混凝土梁 / 柱构件厚度满足不了植筋螺栓的构造要求，采用此大样做法

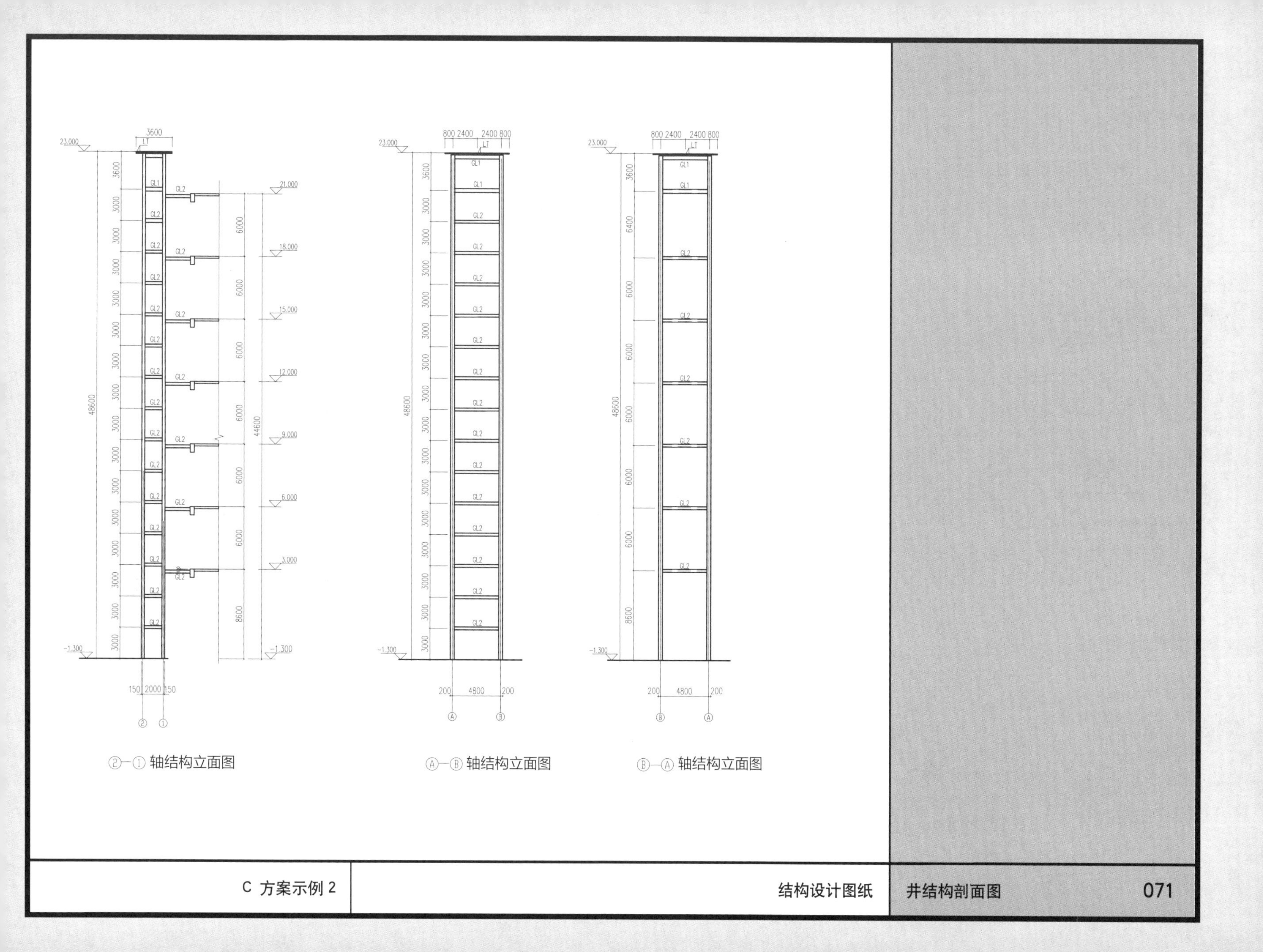

②—① 轴结构立面图

Ⓐ—Ⓑ 轴结构立面图

Ⓑ—Ⓐ 轴结构立面图

要点说明

钢结构电梯井道与混凝土井道有明显的布局差异，充分利用梁截面的尺寸优势，避开立柱在空间布局的占位，可以极大尺寸地提高电梯设计的容积率。

在跨度方面上，充分利用钢梁和外墙的尺寸链，在梁下投影空间的空位，设置合理的支架安装方式，可以将导轨尽可能地贴近钢梁。避开立柱占位，需要改进电梯对重侧支架的结构形式。

在开间方向上，可以通过电梯厅门地坎的布放位置，缩进轿厢地坎与井道内壁的距离，不影响电梯上下运行空间。

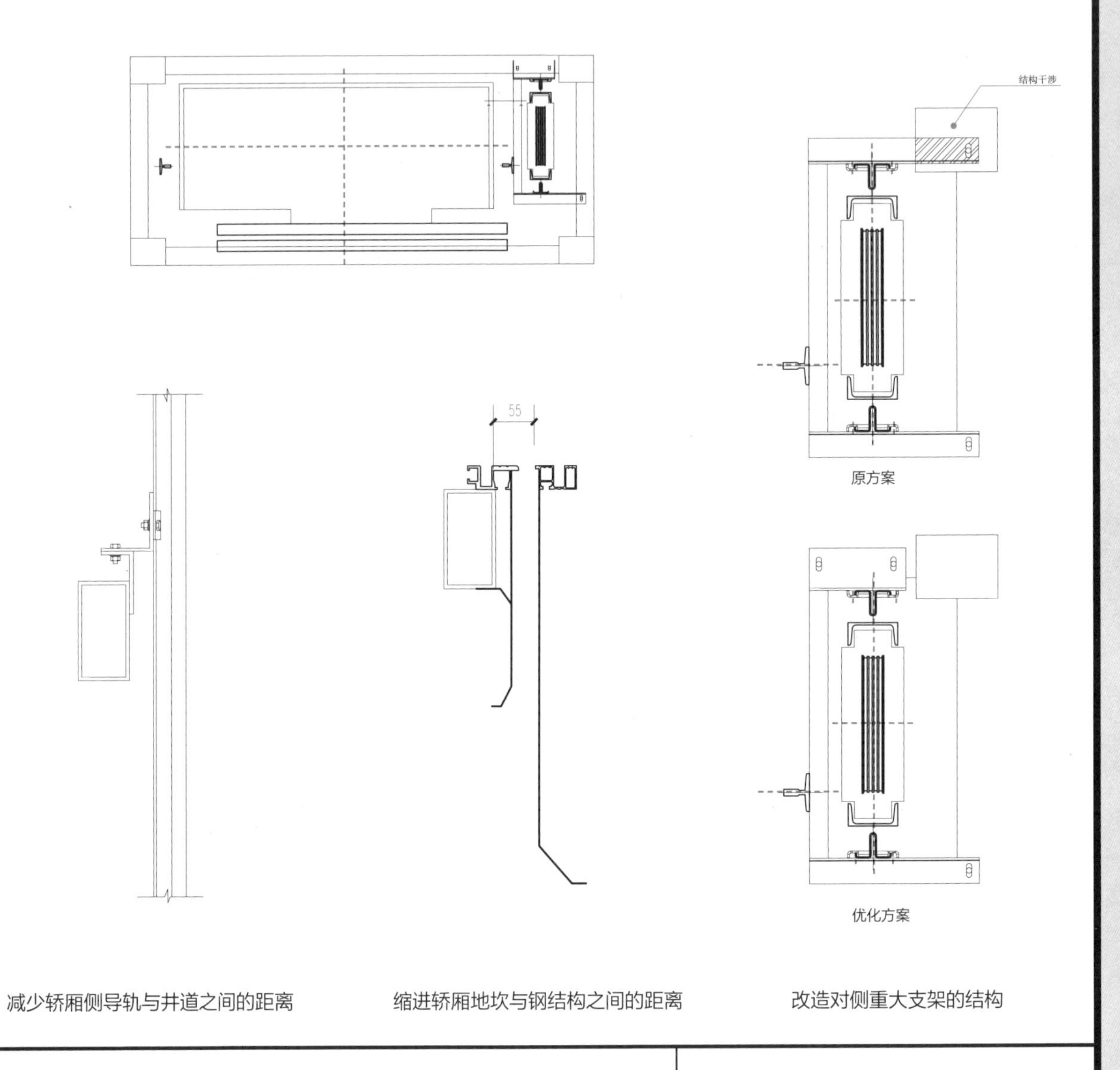

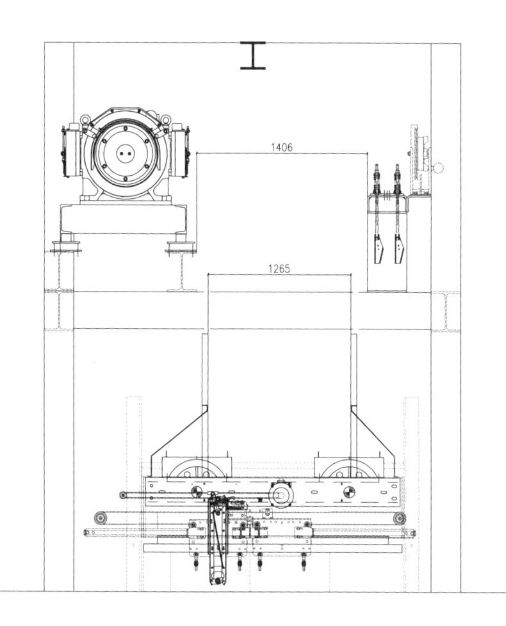

在原设计方案中，轿厢的立方体规则受到轿厢纵深尺寸的影响，会比较紧张，轿厢体与曳引机及配件有投影关系，轿厢绳头的受力梁也会有投影关系，影响轿厢上的站人空间及垂直自由距离尺寸。

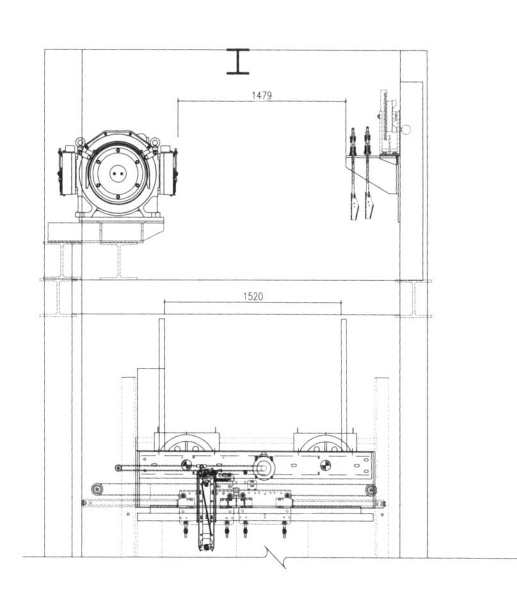

在优化后设计方案中，曳引机的承重结构及绳头板均作了悬臂梁结构，优化了轿厢投影之上的结构，简化了零部件，同时曳引机依然保持中心和重心重合，轿厢顶端的空间扩大，可将顶层高度降低。

增设电梯的用电量是不是很大？对原楼用电负荷是不是有影响？

5.5kW 控制系统，覆盖了小型加梯驱动系统的控制功率。控制柜柜体设置在顶层候梯厅，更能方便地进行检修和救援操作，柜体与钢结构墙体结构型融合，通过减少厚度、拉长高度、缩短宽度对三个方向的尺寸进行调整，可以达到空间占用小、实际操作方便的优势效果。

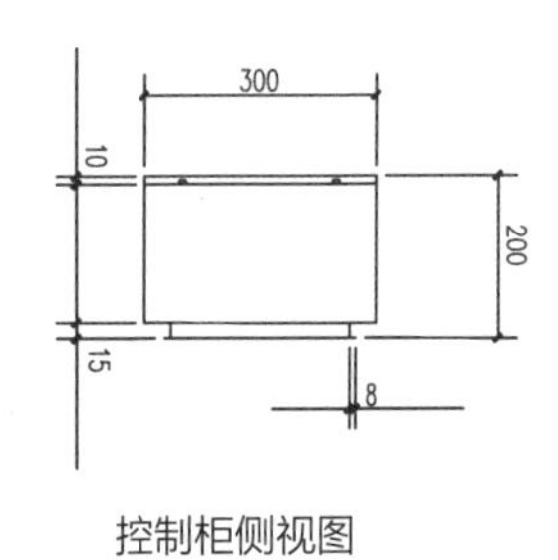

控制柜侧视图

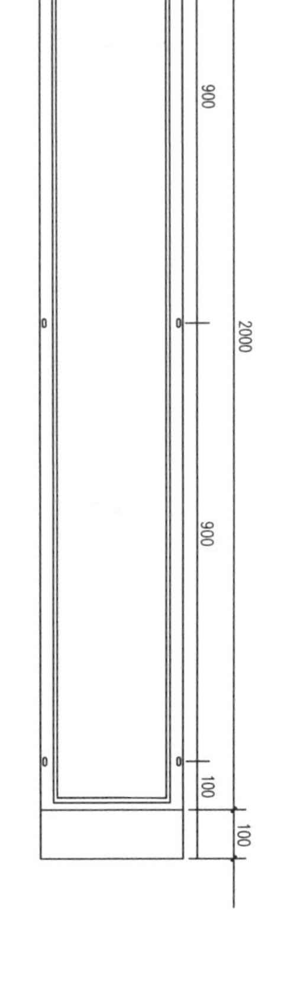

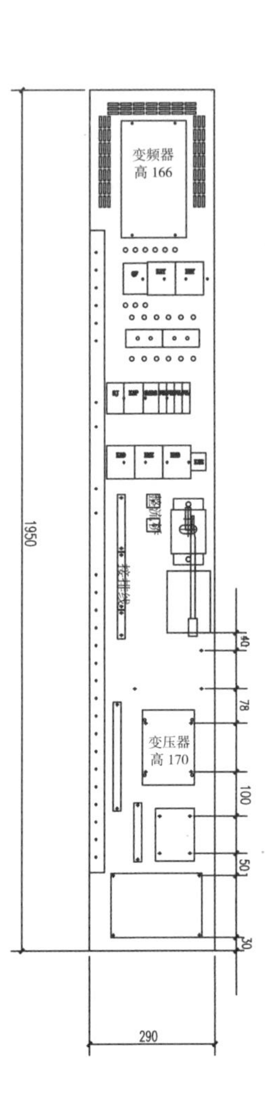

D 重点细节处理

总体方案

井道底坑基础

井道底坑处理

首层

标准层

顶层和屋顶

候梯平台的适老化设计

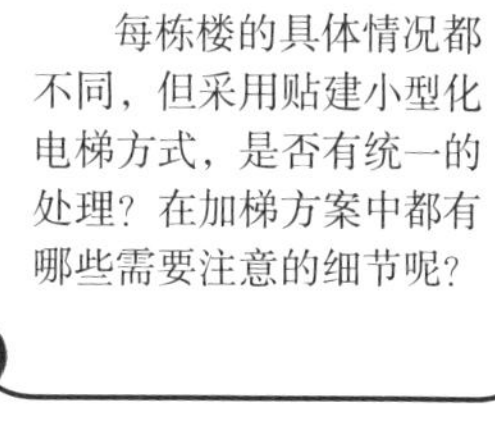

要点说明

根据既有住宅现状条件，确定楼梯间外墙全拆或部分拆除的改造方案。拆改方案的确定应综合考虑减少对旧楼结构过度干扰，加固效率更高，施工更安全、简洁、合理及施工扰民较少等因素。对既有住宅的拆改加固应在垂直、水平两个方向构成整体构架，与原有构造柱牢固连接，确保原建筑圈梁的结构功能得到有效替代和加强。利用既有结构窗洞，将其扩大为电梯层门洞口，门洞截断原楼层圈梁时，可通过在门洞口上下方增设新的圈梁，或采用外贴壁式框架的方法对结构的整体性进行补强，壁式框架补强措施既可采用混凝土结构形式，也可采用钢结构形式。

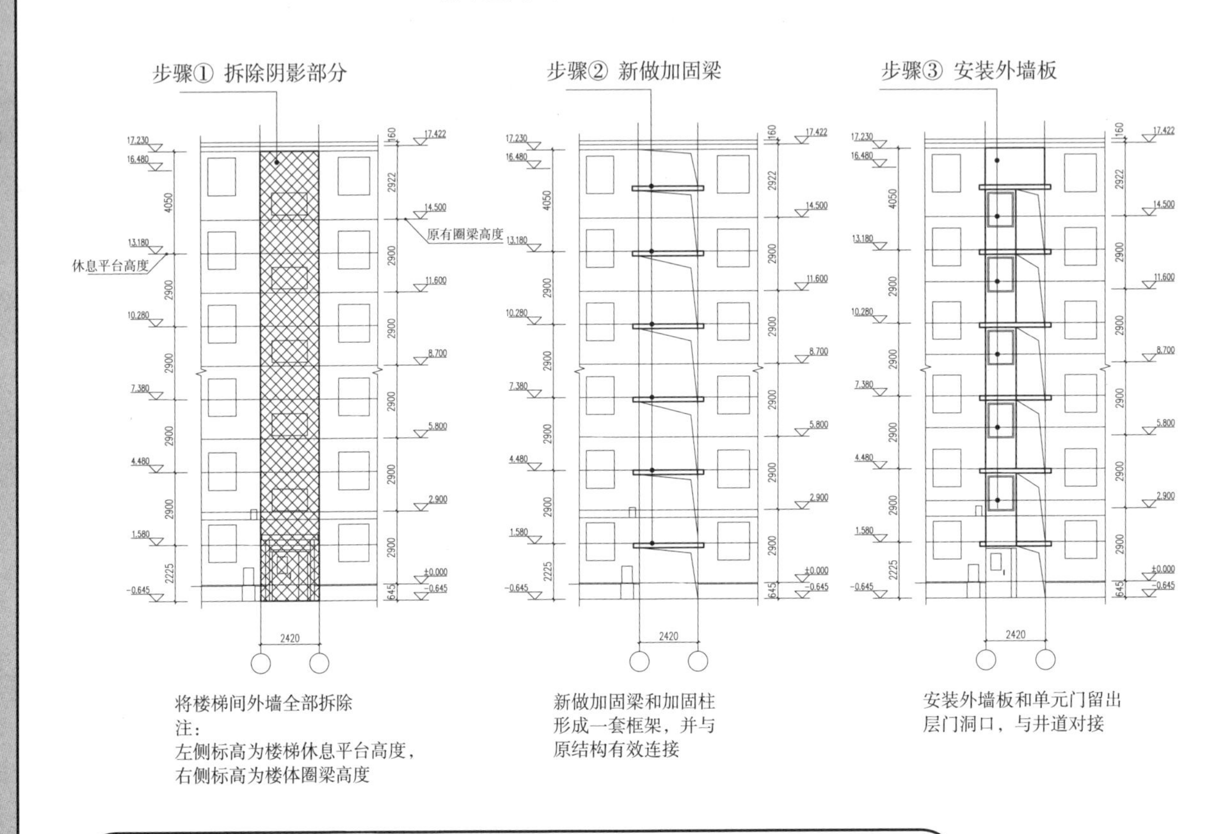

将楼梯间外墙全部拆除
注：
左侧标高为楼梯休息平台高度，
右侧标高为楼体圈梁高度

新做加固梁和加固柱
形成一套框架，并与
原结构有效连接

安装外墙板和单元门留出
层门洞口，与井道对接

拆改加固方案 1 为全墙拆除方案。其优势在于集中拆除速度快，能有效地减少施工噪声的干扰时间。施工中，全墙拆除之后，需对洞口做简单围挡，再从下到上逐层加固和封堵。加固梁和新做外墙板可采用工厂预制构件，从而进一步减少现场施工作业时间。

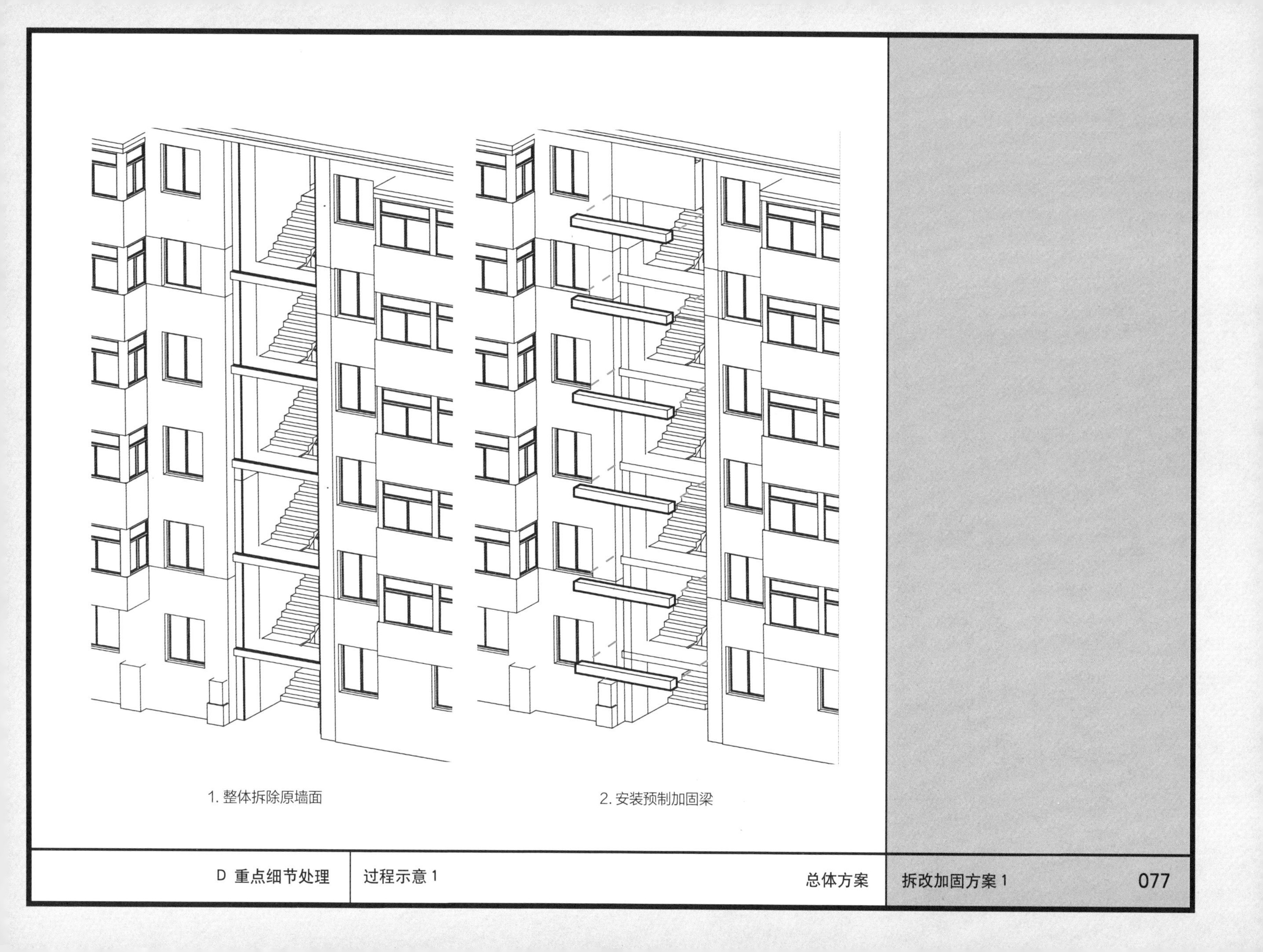

1. 整体拆除原墙面

2. 安装预制加固梁

二层休息平台的墙面高度有限，通常无法开设层门。在既往改造中，很多在二层休息平台外墙面固定了扩容的强电、弱电管线和电箱，难以拆除，在实际工程中可对其进行保留。

拆改加固方案 2：先加固、后局部拆除方案

步骤① 做加固圈梁

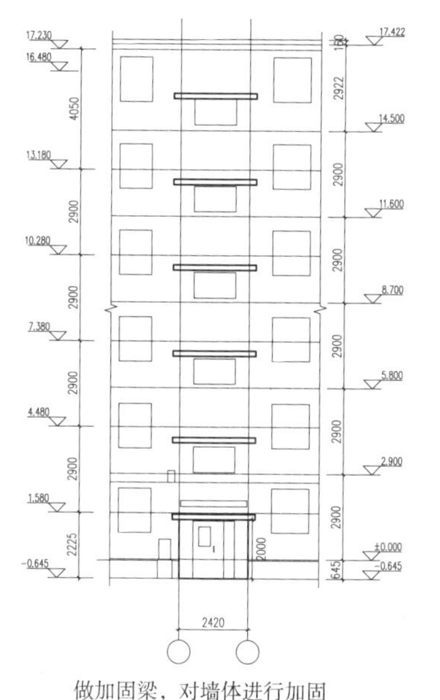

步骤② 拆除扩洞

步骤③ 安装门窗

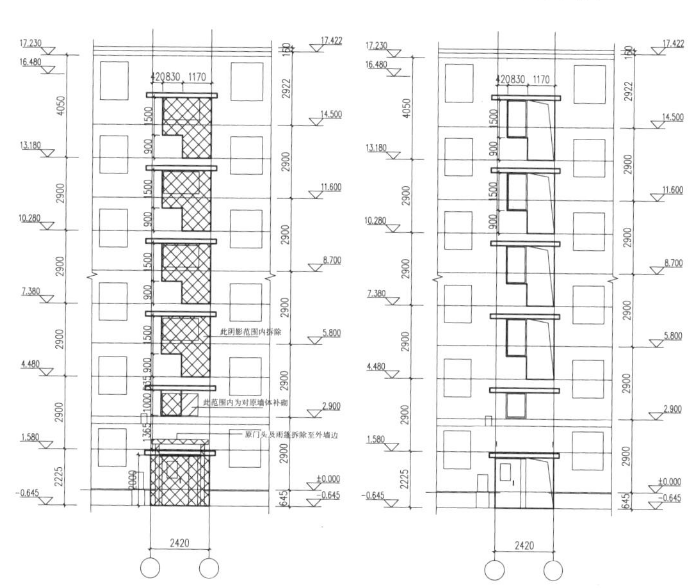

做加固梁，对墙体进行加固
注：
左侧标高为楼梯休息平台高度，
右侧标高为楼体圈梁高度

将加固梁下方的墙体局部拆除
将原有洞口扩大
形成窗洞口和层门洞口

安装窗户和单元门
留出层门洞口，与井道对接

拆改加固方案 2 为局部拆除方案。先将楼体逐层加固。在所需门窗洞口上方局部开凿，做结构加固梁，固定每层的墙体。加固梁制作好后，扩大每层的窗洞口，形成层门、窗户和单元门的洞口。此方案的优势在于局部操作，不需要大型、高精度设备，但作业持续时间较长。

要点说明

对既有住宅采取外贴壁式框架补强措施时，既可采用混凝土结构，也可采用钢结构，同时与新增设的电梯井道结构进行连接。

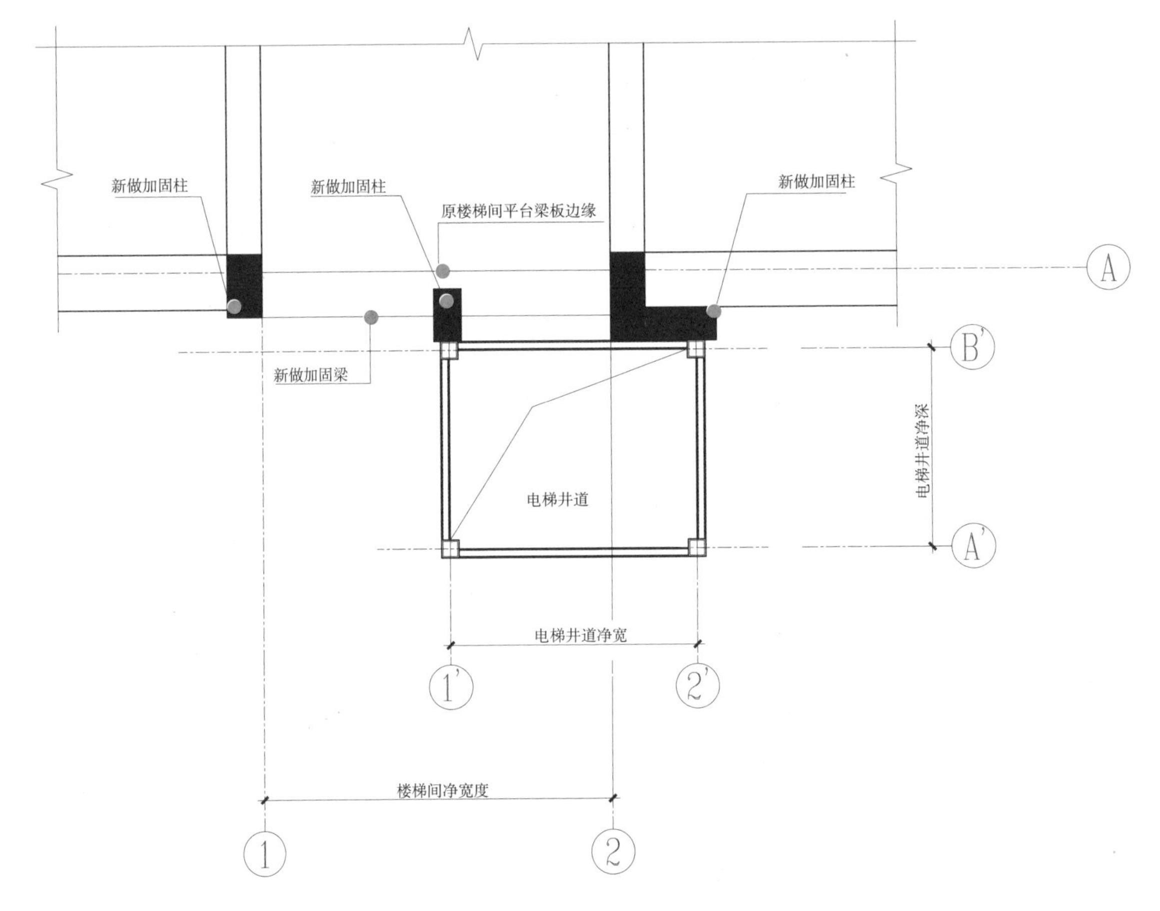

新加电梯结构平面图 1（贴建式）

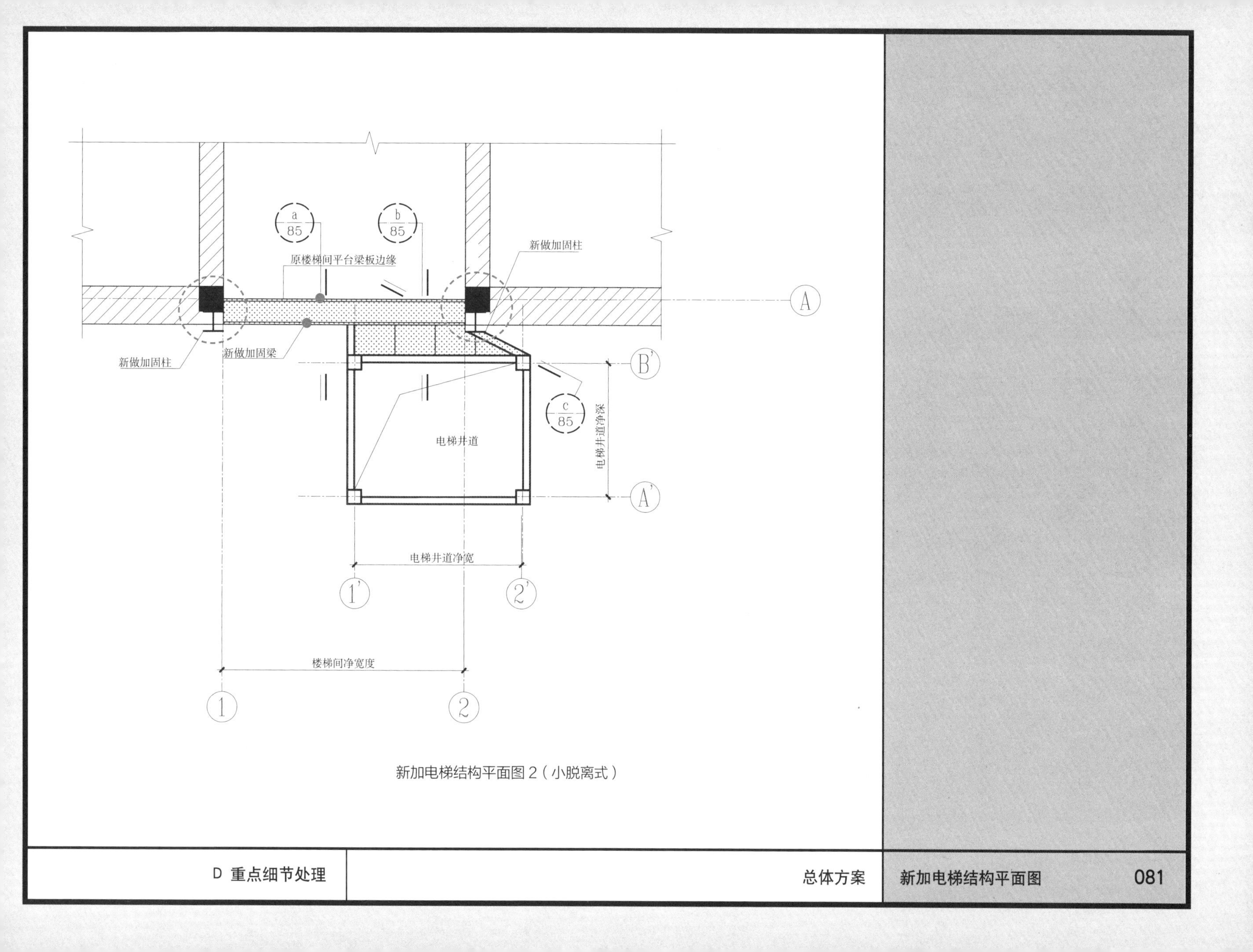

新加电梯结构平面图 2（小脱离式）

要点说明

井道与原结构的连接有两种主要方式：附着式（贴建式）和独立式。独立式井道对井道自身强度要求较大，因而结构构件较粗大，会占用更多空间；附着式（贴建式）井道结构和原建筑结构刚性连接为一个整体，可以有效地减小井道自身结构构件尺寸。

附着式（贴建式）新增电梯与既有住宅结构的水平连接宜设置在楼层或楼梯间休息平台处，并宜采用扩底型锚栓、特殊倒锥形化学锚栓或植筋等方式锚固于既有住宅构造柱、圈梁、休息平台梁等混凝土构件中，且锚固应满足相关标准和设计要求。当连接点处的基材为砌块时，应采用穿墙对拉螺杆的锚固方式。有条件的可以加密连接节点。

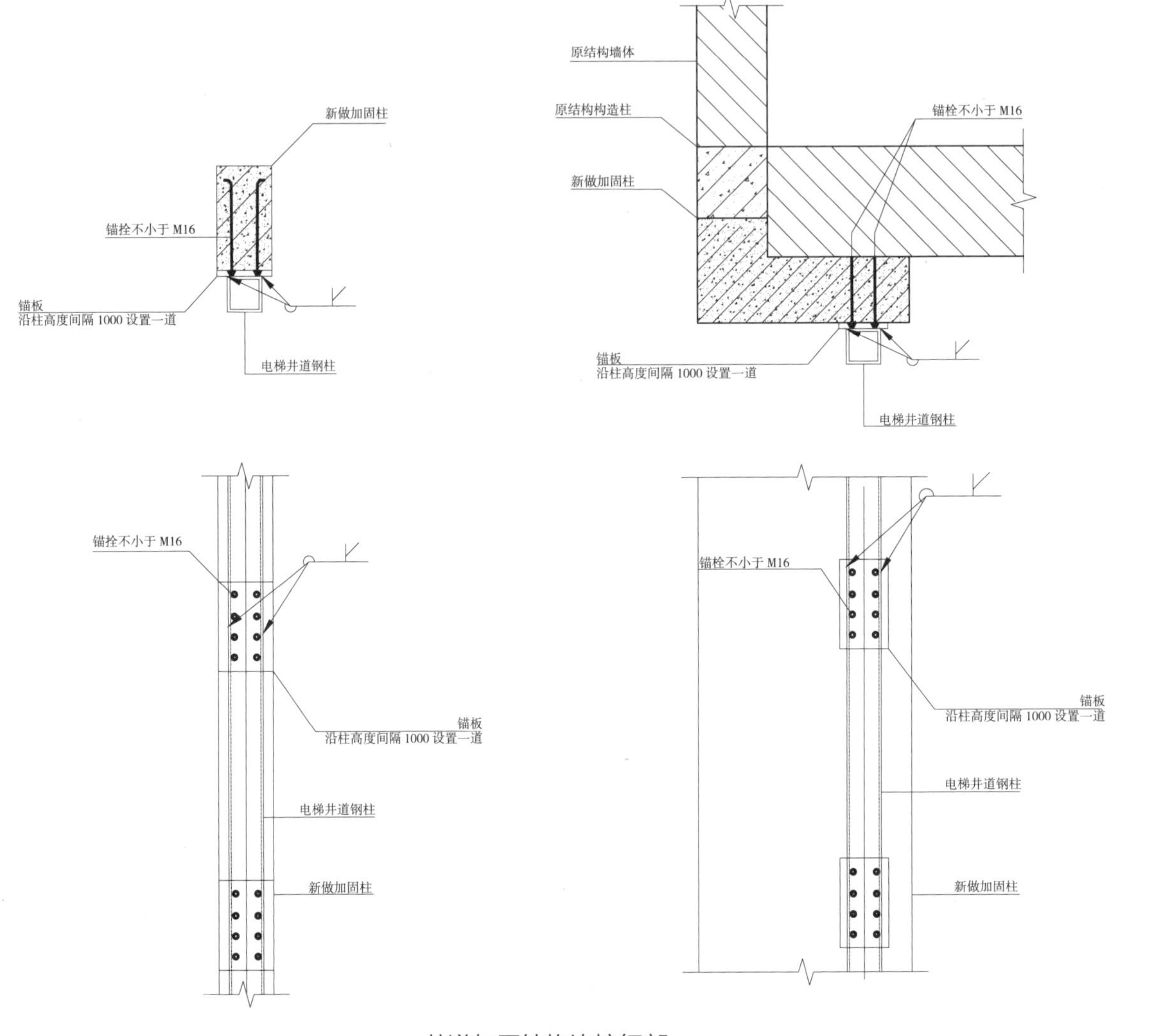

井道与原结构连接细部

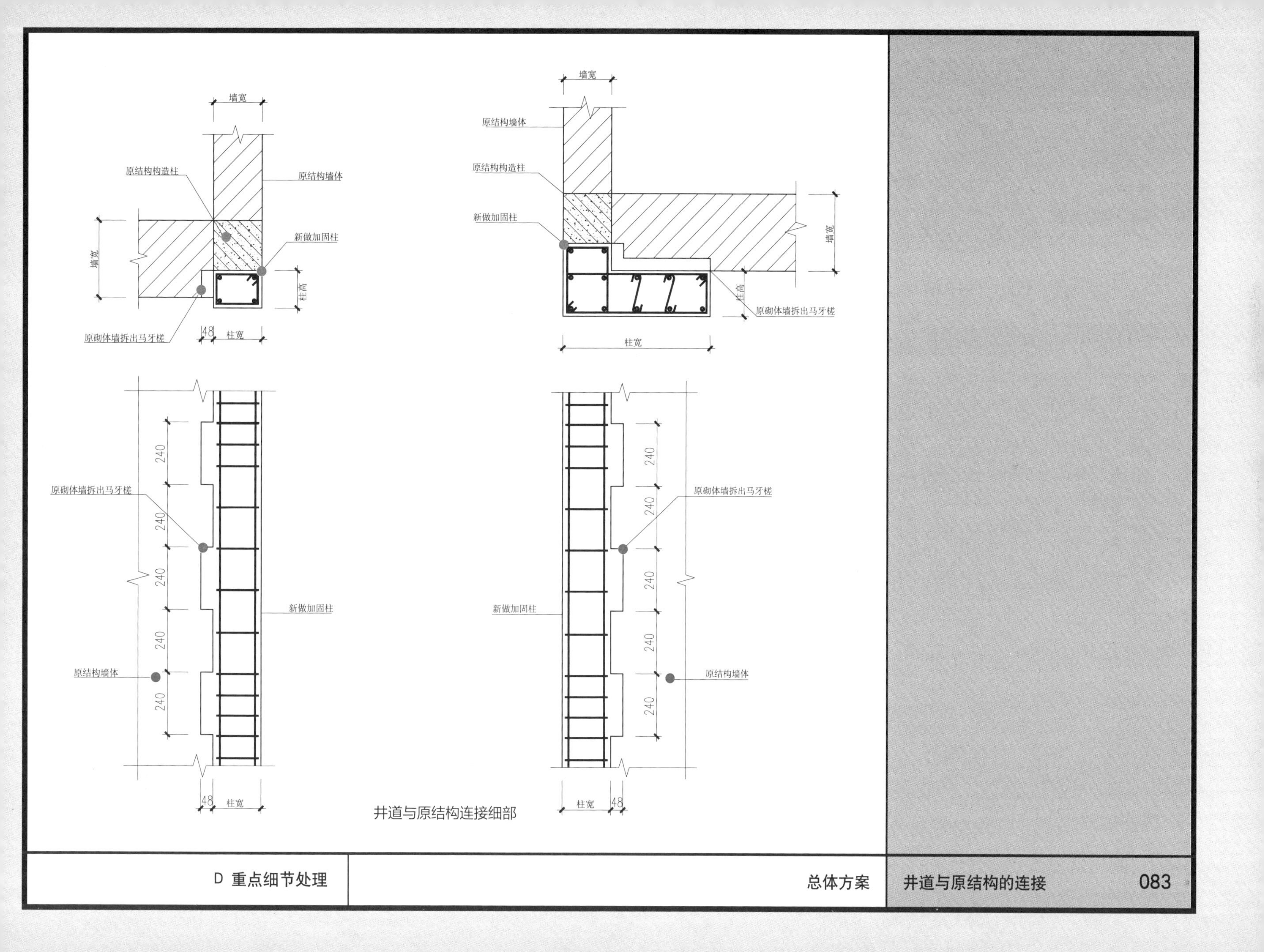
墙宽
原结构构造柱
原结构墙体
新做加固柱
柱高
原砌体墙拆出马牙槎
48
柱宽
240
井道与原结构连接细部

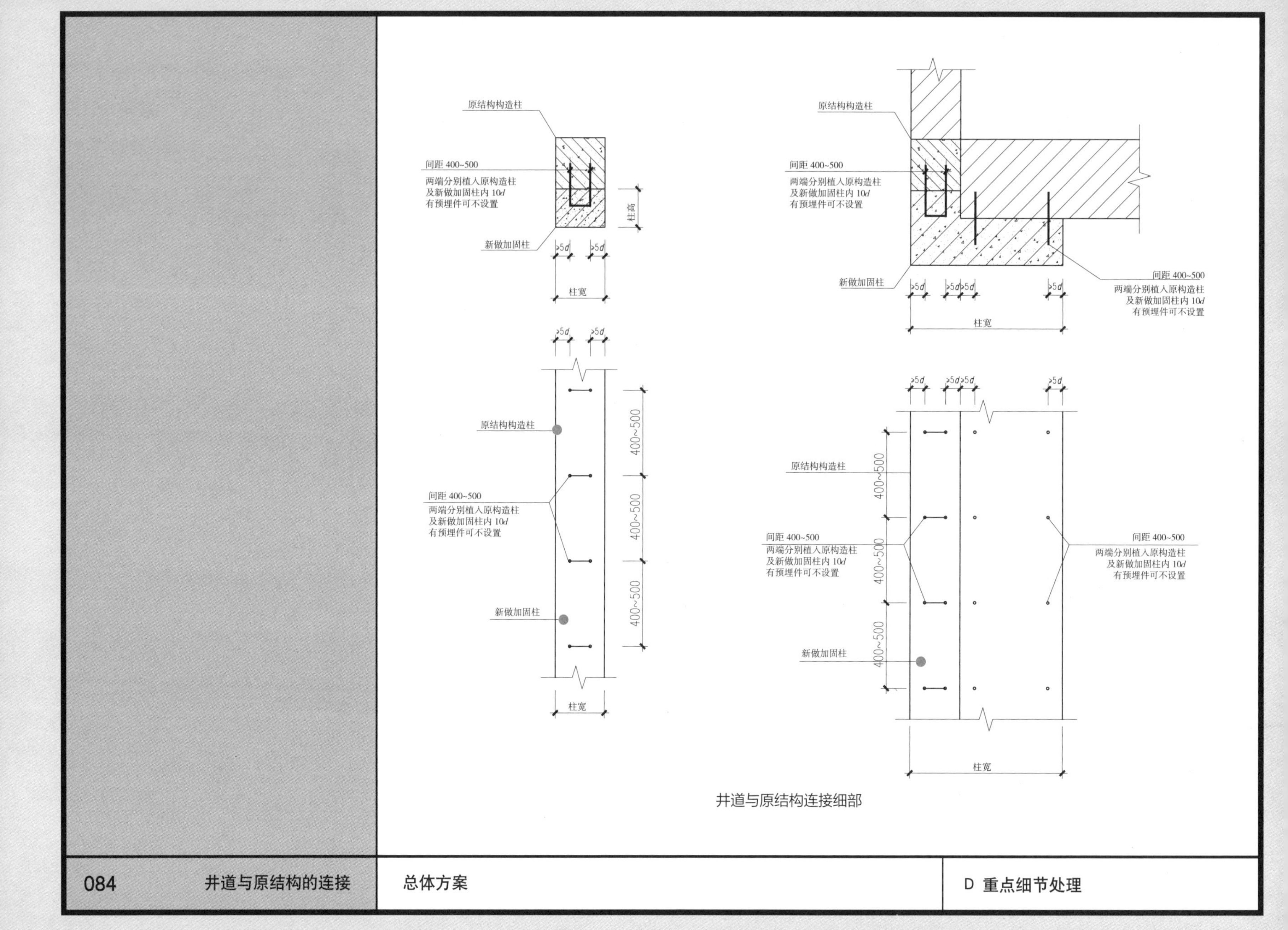
原结构构造柱
间距 400~500
两端分别植入原构造柱
及新做加固柱内 10d
有预埋件可不设置
新做加固柱
柱高
≥5d
柱宽
400~500

井道与原结构连接细部

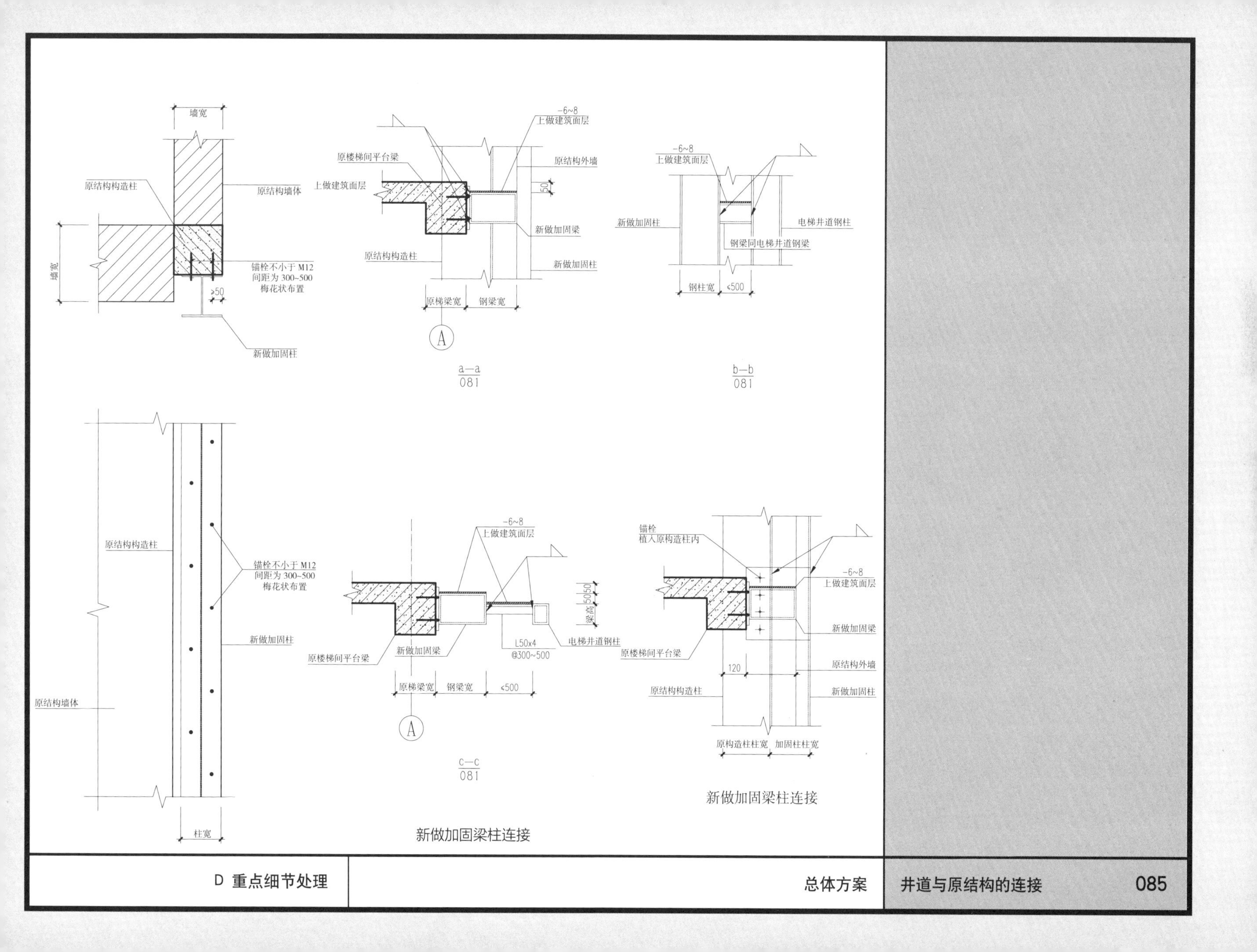
墙宽
原结构构造柱
原结构墙体
墙宽
锚栓不小于M12
间距为300~500
梅花状布置
≥50
新做加固柱
-6~8
上做建筑面层
原楼梯间平台梁
上做建筑面层
原结构外墙
50
新做加固梁
原结构构造柱
新做加固柱
原梯梁宽
钢梁宽
A
a—a
081
-6~8
上做建筑面层
新做加固柱
电梯井道钢柱
钢梁同电梯井道钢梁
钢柱宽
≤500
b—b
081
原结构构造柱
锚栓不小于M12
间距为300~500
梅花状布置
新做加固柱
原结构墙体
柱宽
-6~8
上做建筑面层
梁高
50
50
L50x4
@300~500
电梯井道钢柱
原楼梯间平台梁
新做加固梁
原梯梁宽
钢梁宽
≤500
A
c—c
081
新做加固梁柱连接
锚栓
植入原构造柱内
-6~8
上做建筑面层
新做加固梁
原楼梯间平台梁
120
原结构外墙
原结构构造柱
新做加固柱
原构造柱柱宽
加固柱柱宽
新做加固梁柱连接

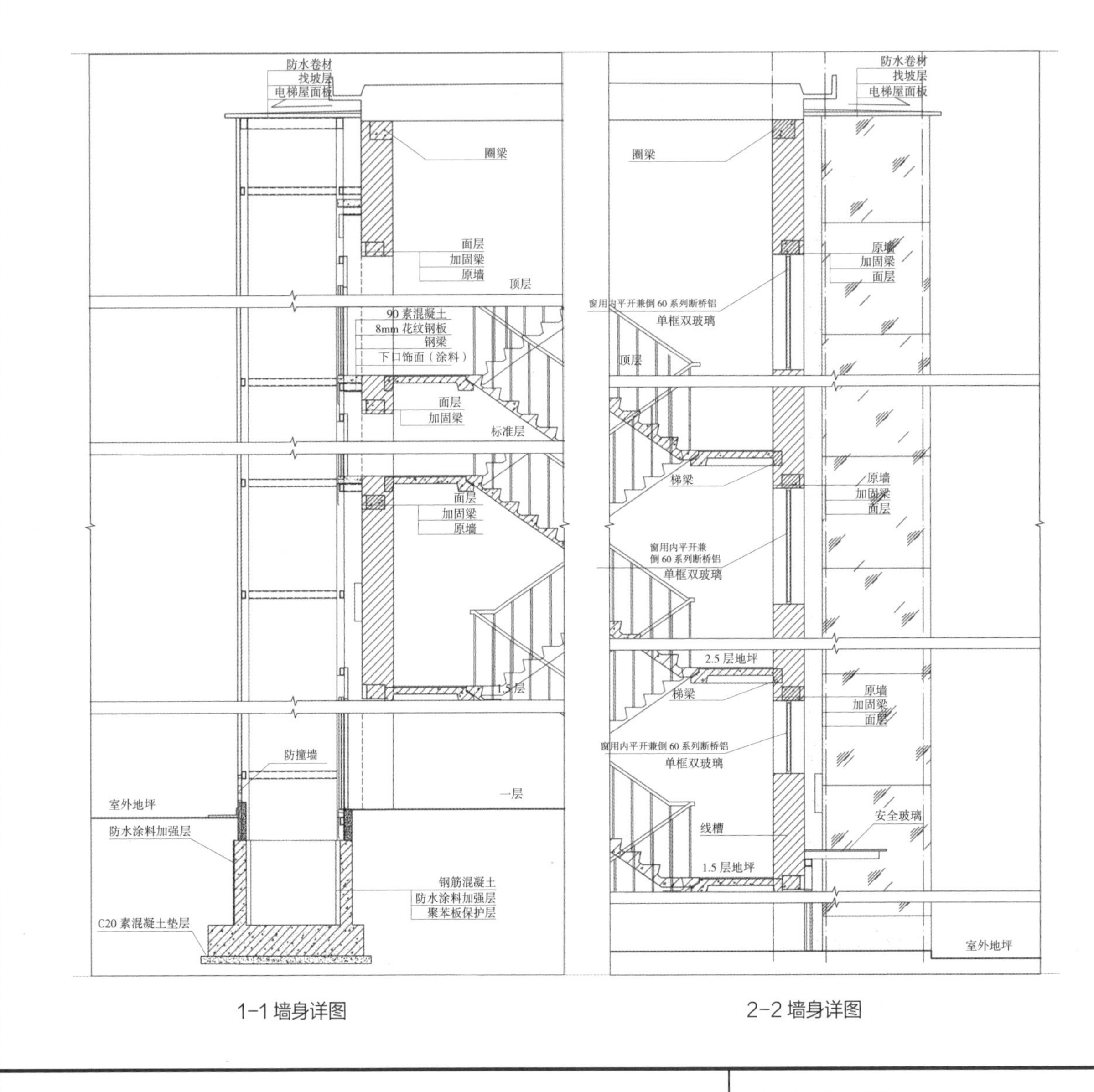

1-1 墙身详图

2-2 墙身详图

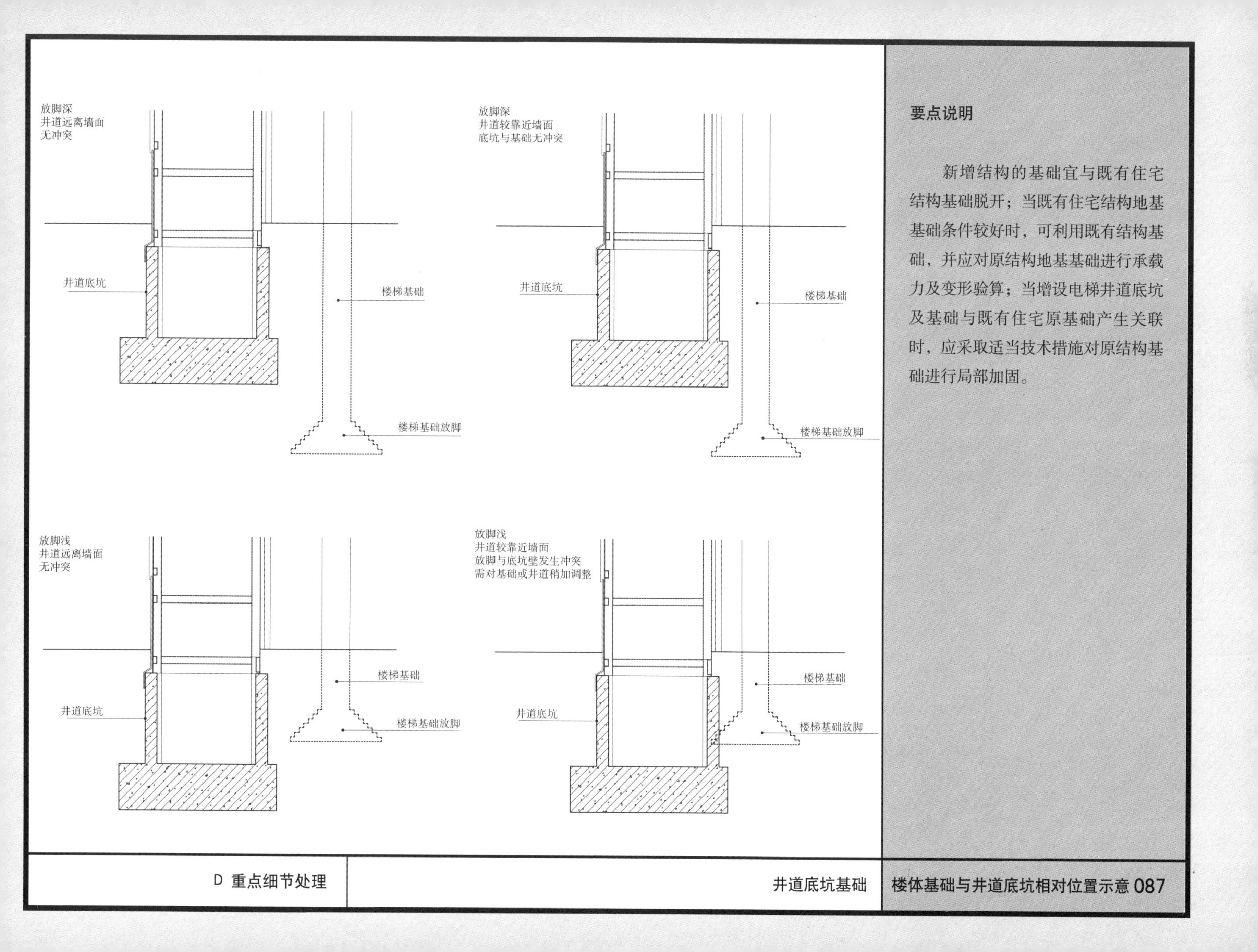

要点说明

新增结构的基础宜与既有住宅结构基础脱开；当既有住宅结构地基基础条件较好时，可利用既有结构基础，并应对原结构地基基础进行承载力及变形验算；当增设电梯井道底坑及基础与既有住宅原基础产生关联时，应采取适当技术措施对原结构基础进行局部加固。

电梯如何做到浅底坑设计呢？够安全吗？

本电梯主要针对因现场条件减小的底部间距。所采用的安全原则基于两级实现：首先操作电气开关中断电梯运行；其次对电梯轿厢进行机械制动。

在设计制造时，对于减小的底部间距，考虑了下列情况：

（1）在防止误操作的方法不可用的极少数情况外（如电梯维修和安装过程中，安全装置不起作用的情况），仅依靠符合程序的操作来降低风险的措施被视为不可接受；

（2）降低风险的措施应是自动动作的（不需任何干预），或者在采用了防止误操作措施后可以手动动作，或者它们两者相组合。

基于上述原则，电梯浅底坑设计要点具体如下所述。

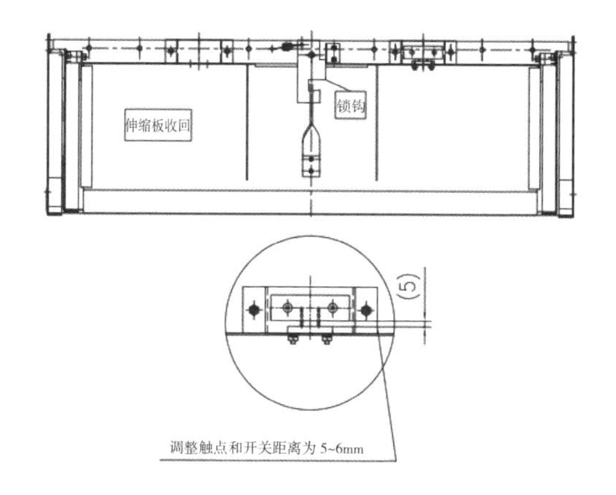

图1 轿厢护脚板缩回时

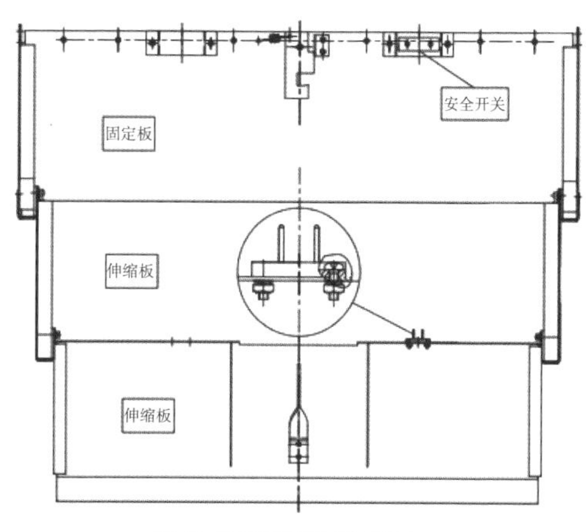

图2 电梯护脚板伸展时

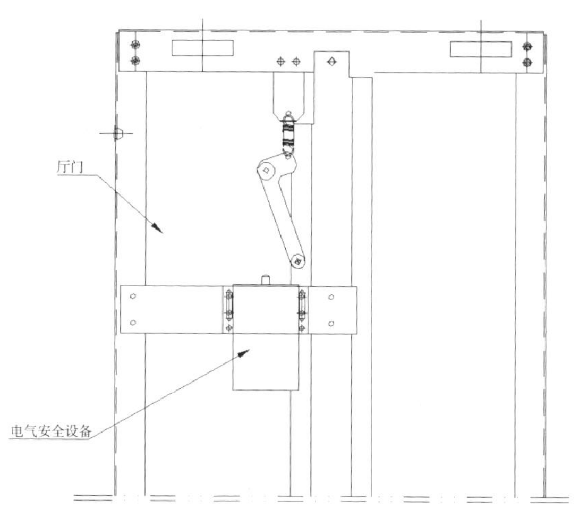

图3 电梯非本层开门检测装置

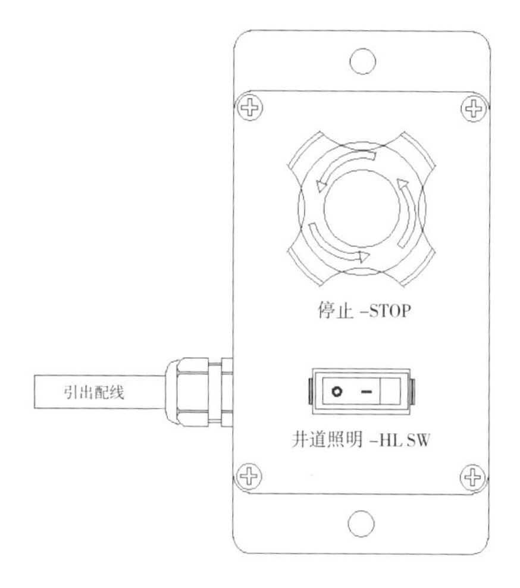

图4 底坑急停照明装置

要点说明

1. 采用伸缩式轿厢护脚板和单层轿厢底实现电梯浅底坑设计。在电梯正常运行时，轿厢护脚板缩回(图1)；电梯检修运行或救援时，护脚板完全伸展（图2）。

2. 安全保护：

(1) 电梯非本层开门时，开门检测装置的检测开关动作（图3），电梯保持在非正常运行状态。此时，可移动止停装置不在动作位置，电梯安全回路断开、远程操纵限速器的远程操纵装置动作（图9），防止轿厢向下的任何意外移动；

要点说明

(2) 电梯检修时，可移动止停装置（图 6）可保证底坑安全空间。可移动止停装置安装于底坑并能机械地止停轿厢，当轿厢在撞击可移动止停装置的缓冲器前，如图 9 所示的下附加限位开关中断轿厢向下运行；

(3) 可移动装置的位置由电气开关检测，并由如图 5 的指示灯显示；

(4) 在电梯检修完成后，将可移动止停装置、电梯轿厢护脚板等复位，并通过如图 8 所示的电气复位装置复位，电梯才能处于正常运行状态。

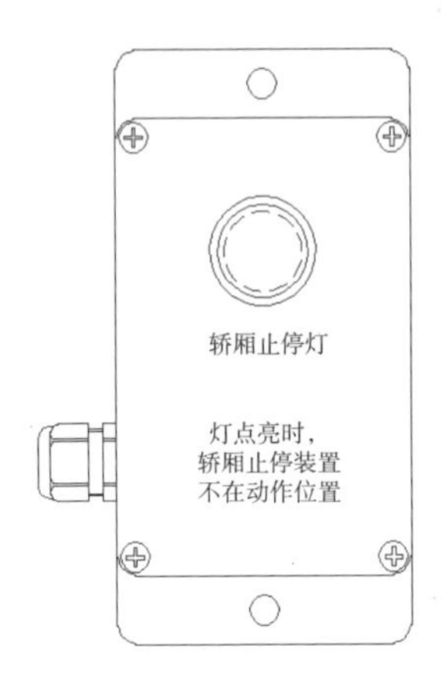

图 5 可移动止停装置位置指示灯

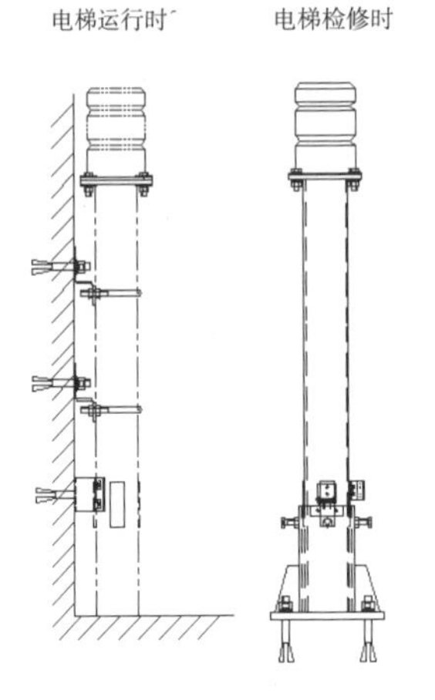

图 6 可移动止停装置

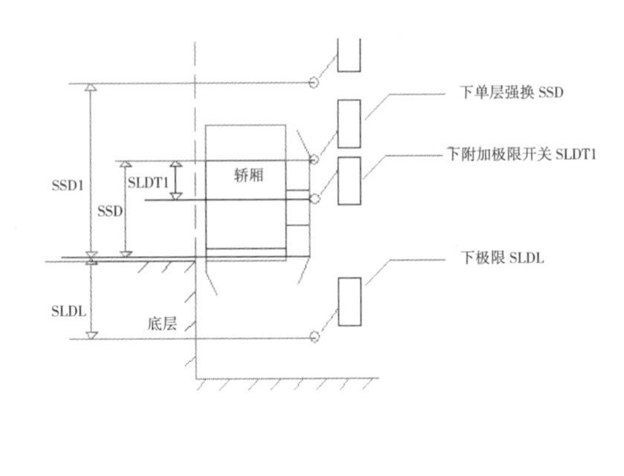

图 7 电梯下限位开关（SLDT1）

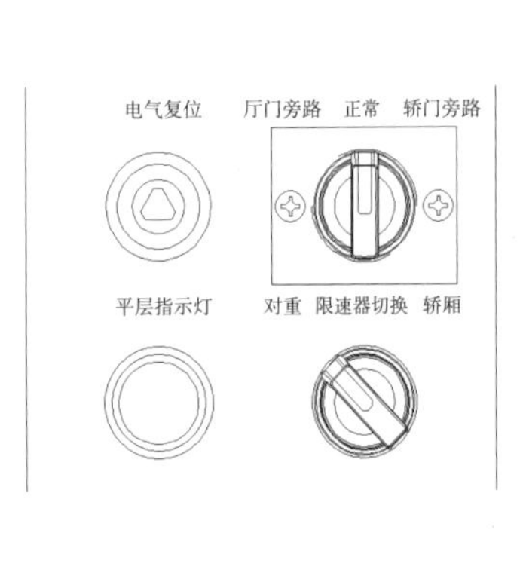

图 8 电气复位开关

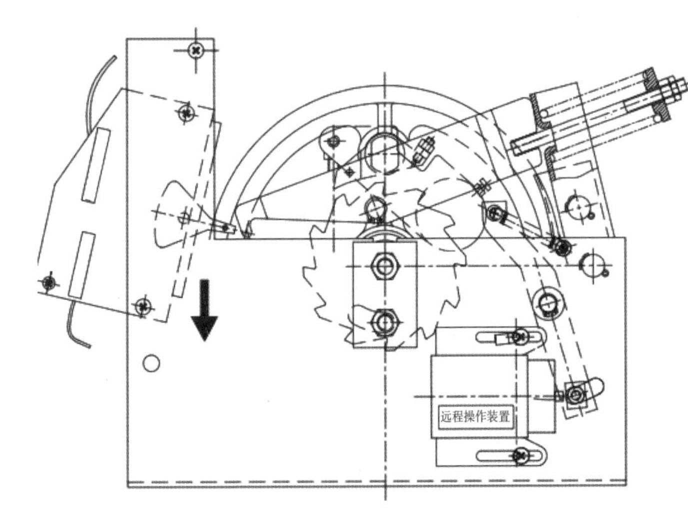

图 9 远程操纵限速器

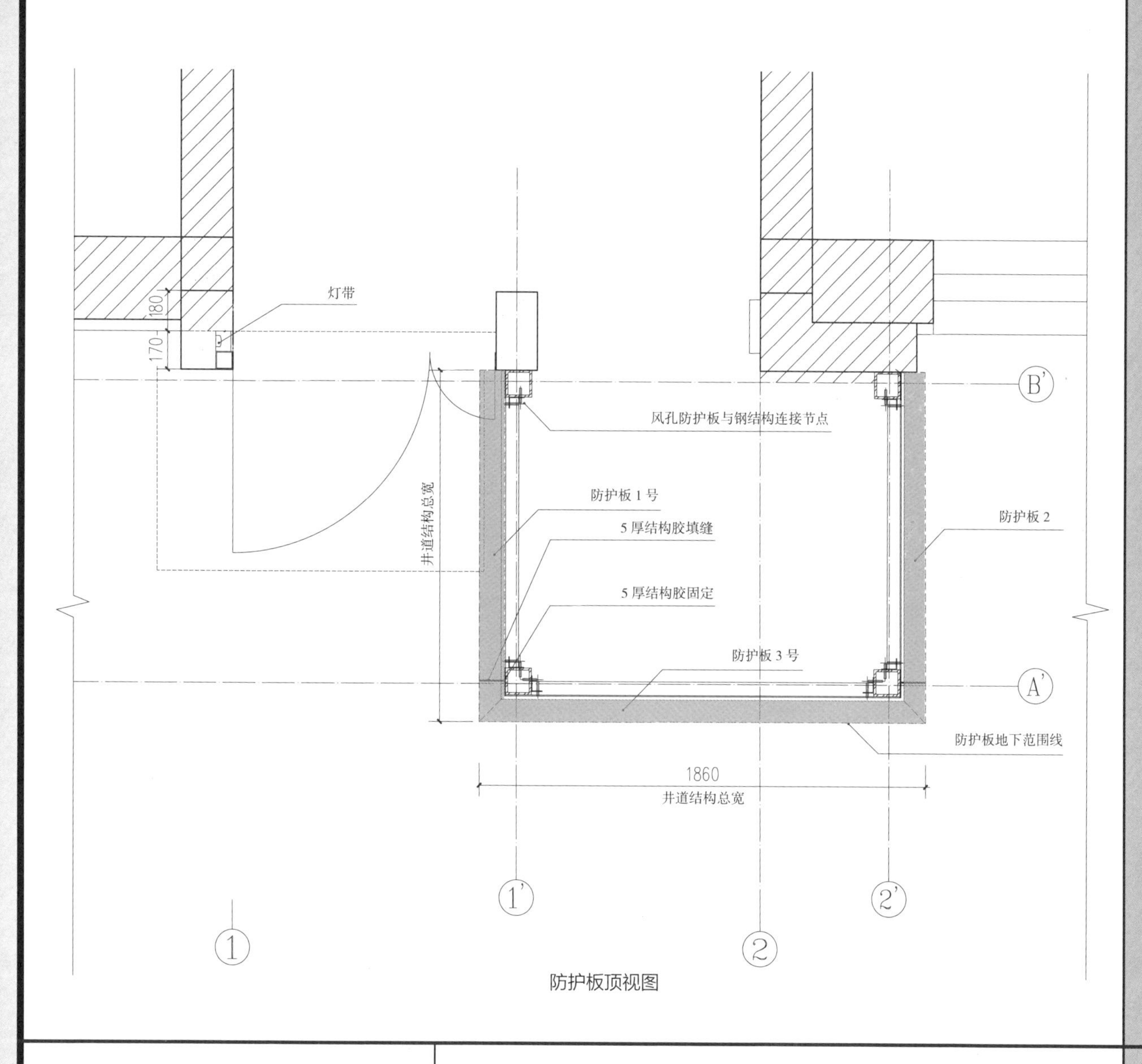

防护板顶视图

要点说明

电梯井道在地面以上 900mm 之内需采用构造措施防撞。在小型化电梯方案中，该防撞措施不宜额外占用井道外圈土地。

井道底坑需采用构造措施防止地面雨水流入。在小型化电梯方案中，防水措施不宜扩大井道占地尺寸。

综合上述两项需求，采用超高性能混凝土材料制作防护板，可兼顾防撞、防雨水等多项功能，在安全牢固情况之下做到尽可能轻薄，减少井道外尺寸。

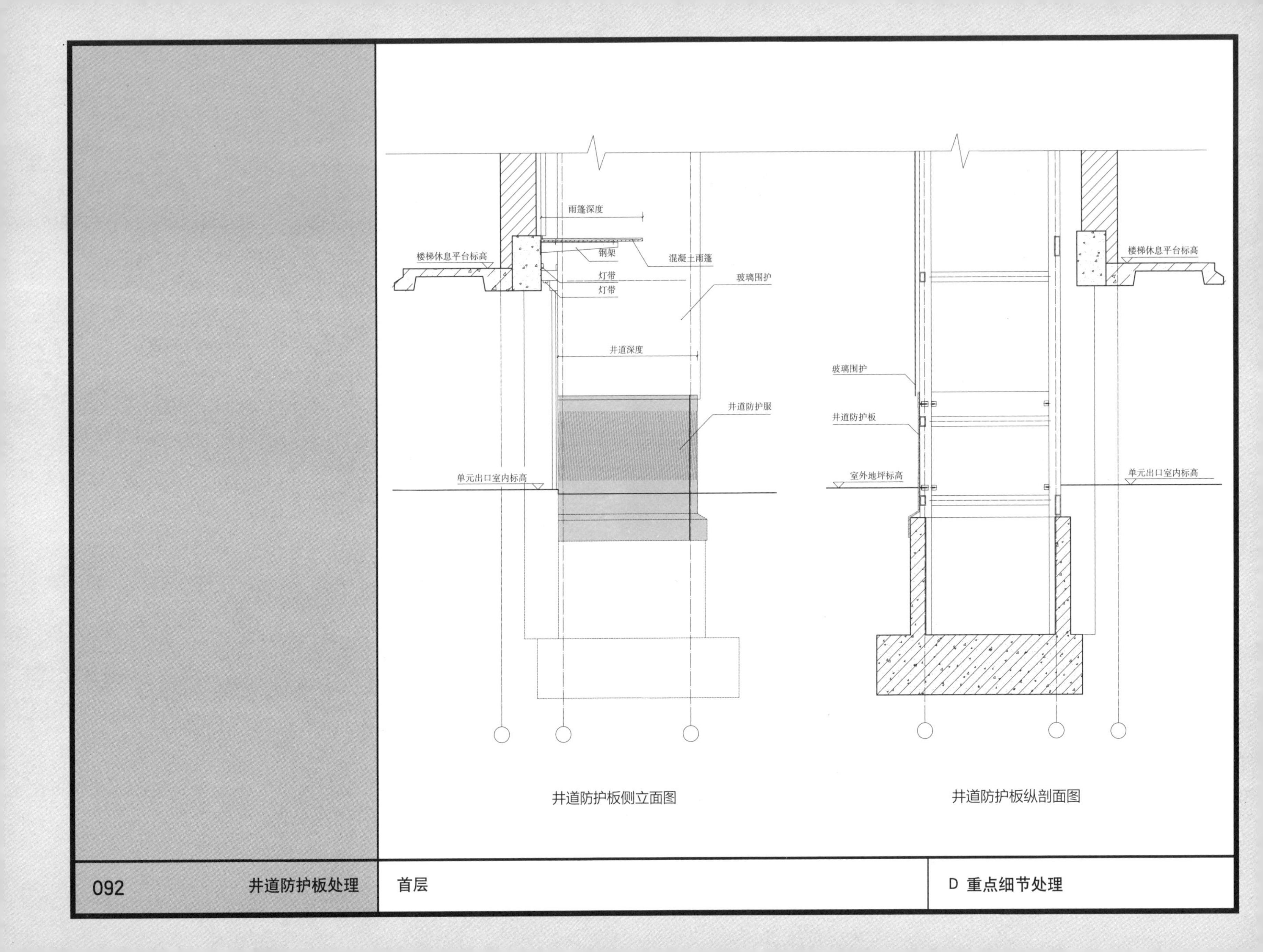

井道防护板侧立面图

井道防护板纵剖面图

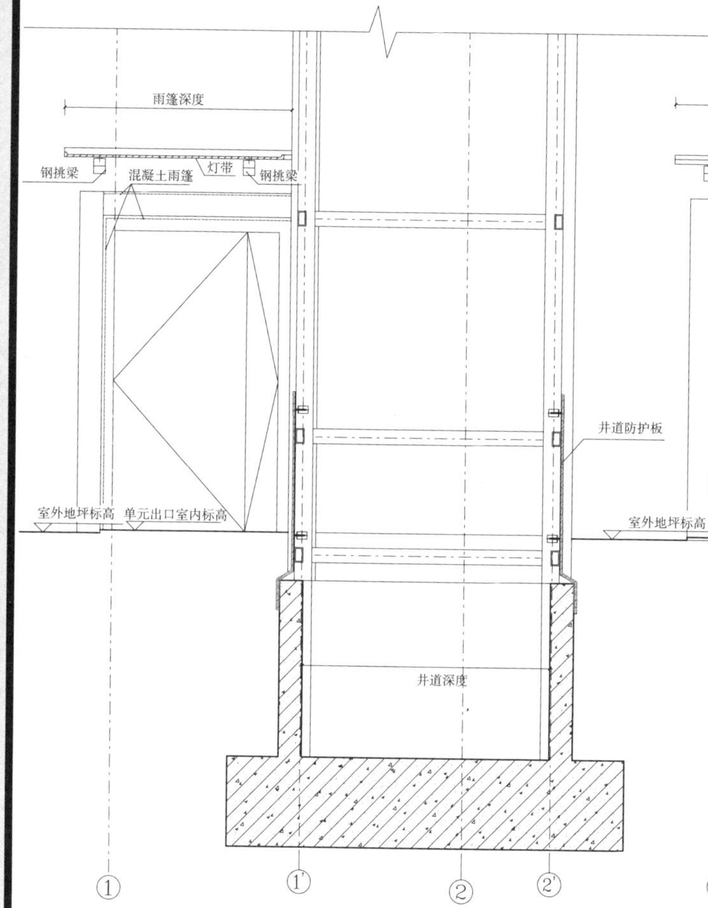

要点说明

为了缩小防护板占地尺寸，首先要让底坑不伸出地面，用一个构件为底坑防水。将防护板设计成一个倒扣的盖口构件，将底坑盖上，在底坑和井道之间形成搭接，阻止地面水进入底坑。因为材料同时具有防撞强度（20mm 厚超高性能混凝土可满足防撞要求），将构件顺着钢结构接续向上，达到防撞高度，可作为防撞设施。

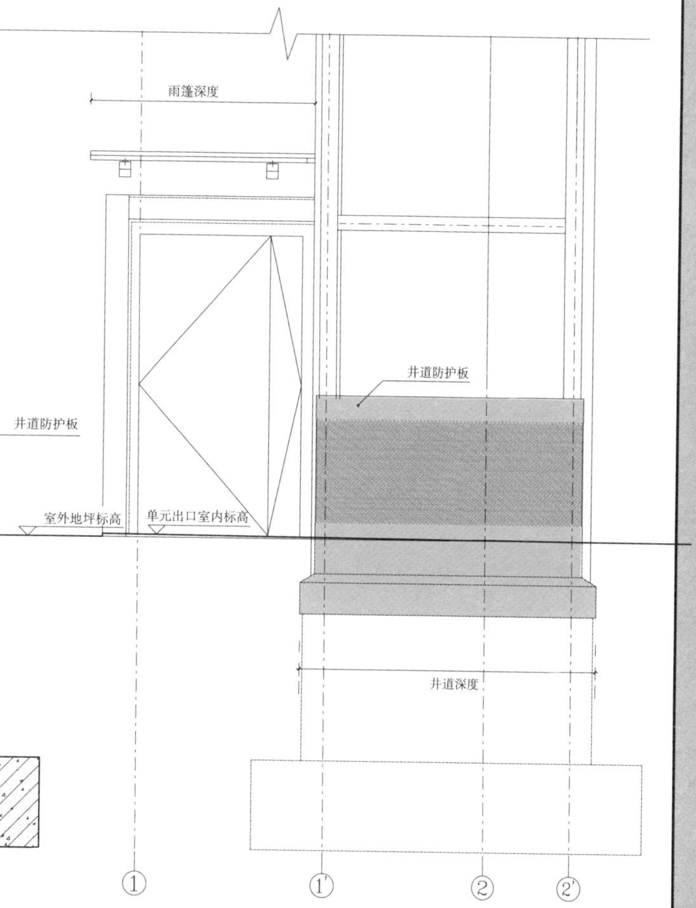

井道防护板横剖面图

井道防护板正立面图

要点说明

防护板的细化设计主要考虑以下三点：一是防护板上部与井道玻璃幕墙的交接；二是防护板下部与底坑的交接；三是方便预制、运输和安装施工。

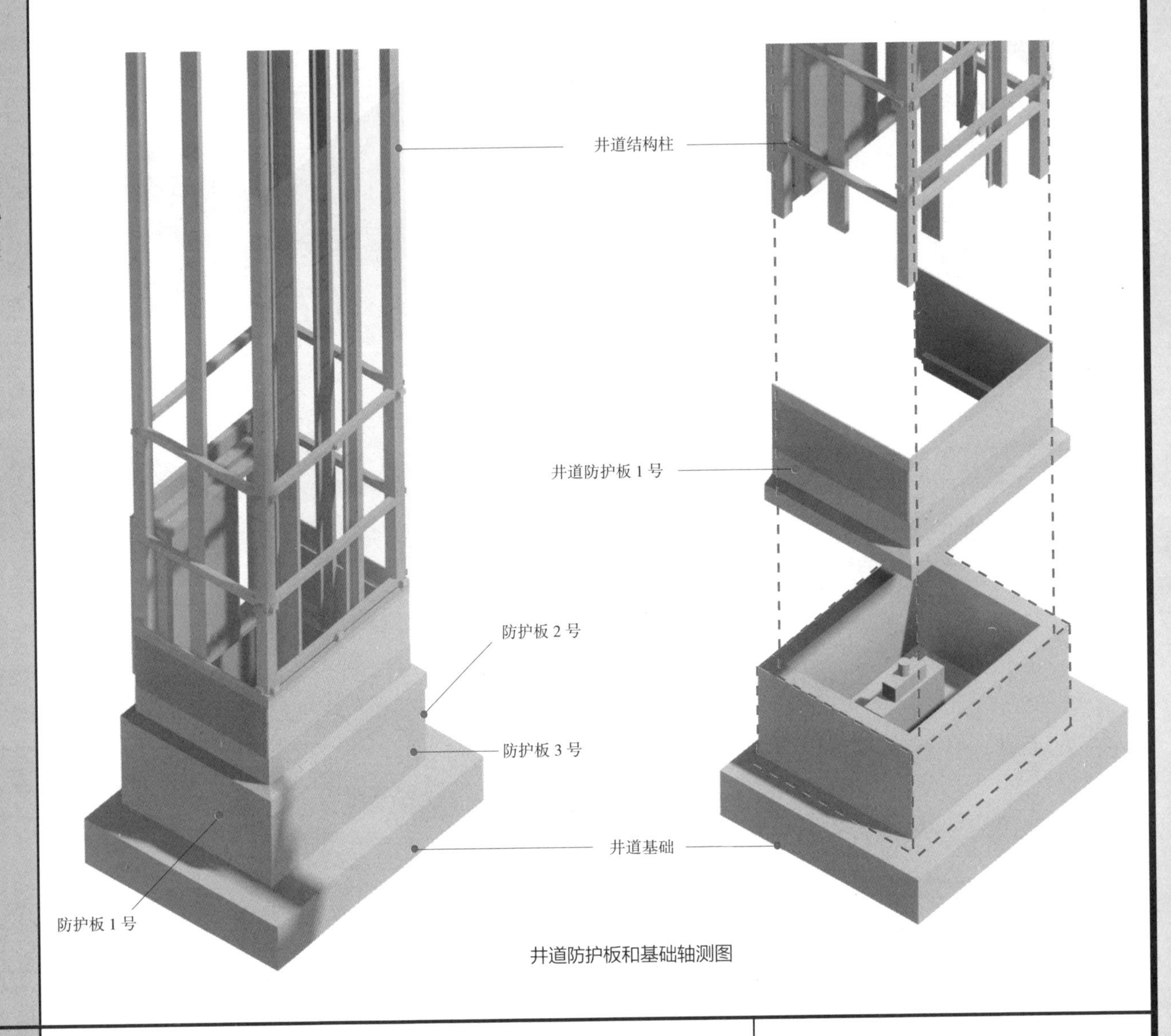

井道防护板和基础轴测图

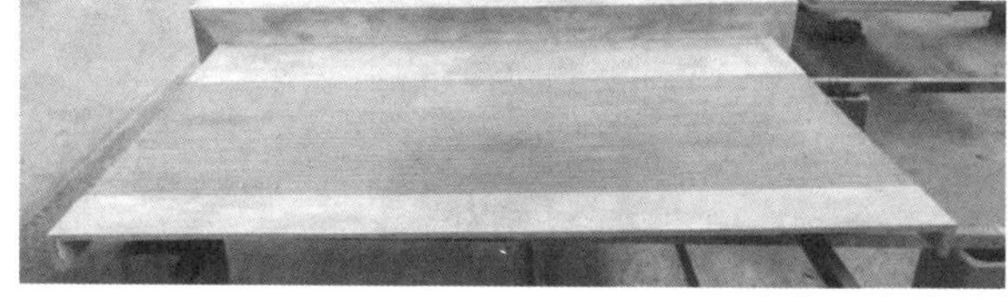

超高性能混凝土井道防护板加工和安装照片

要点说明

为了方便加工和运输，防护板需分左、中、右三块预制，在工厂试拼装之后，再在施工现场安装。预制到安装的全过程为 2~3 周。

要点说明

防小型化加梯方案一般在原单元门一侧设置梯井，另一侧保留单元门功能。但单元门和其配套雨篷因位置和大小变化，往往需要重做。

重做雨篷可能有多种形式，要综合考虑雨篷与原楼体结构连接安全、雨篷排水、一体化照明等问题。

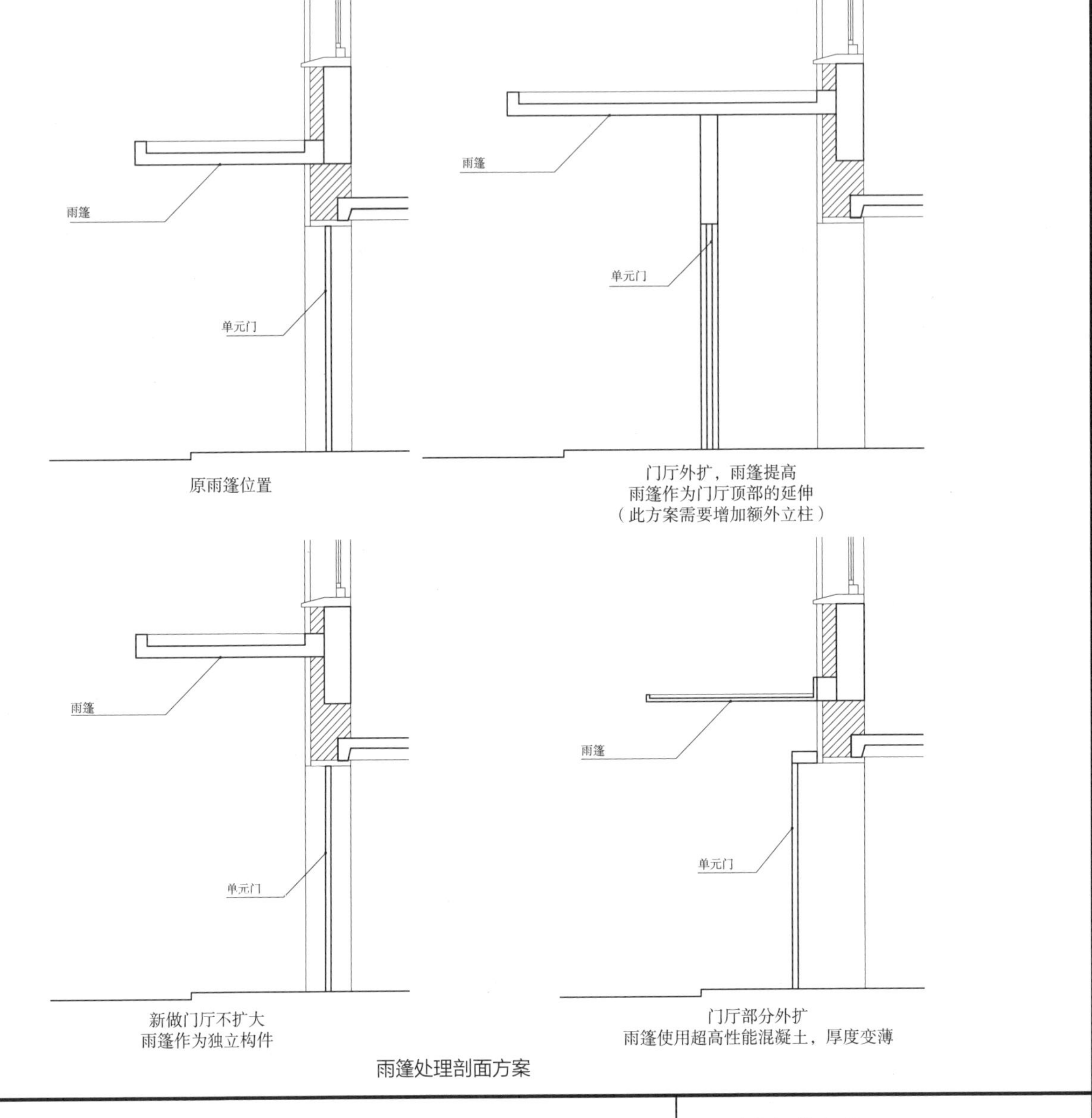

雨篷处理剖面方案

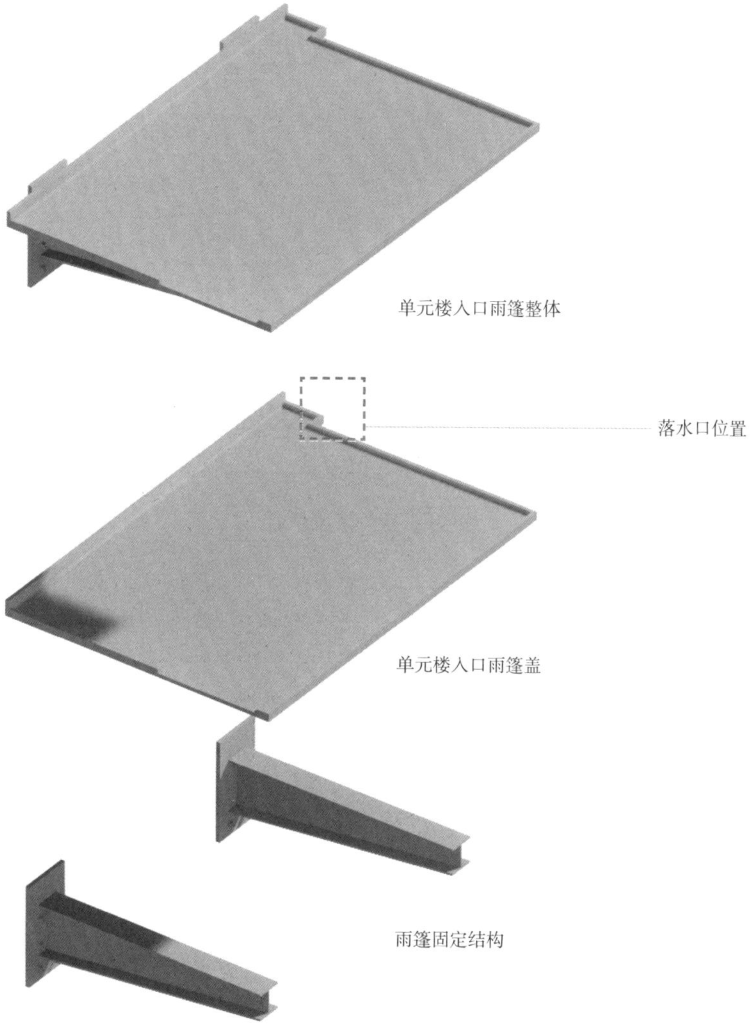

单元楼入口雨篷整体

落水口位置

单元楼入口雨篷盖

雨篷固定结构

雨篷轴测图

要点说明

使用超高性能混凝土制作雨篷，可以使雨篷更轻薄，并一体化设计落水口。

为了方便井道幕墙安装，雨篷靠近井道围护的部分需被留出缝隙，只和混凝土加固柱之间连接。落水口应设置在远离井道的一侧。

要点说明

单元入口尽可能以斜坡解决高差，且利用新设雨篷增加入口处的照明设计，满足适老化要求。

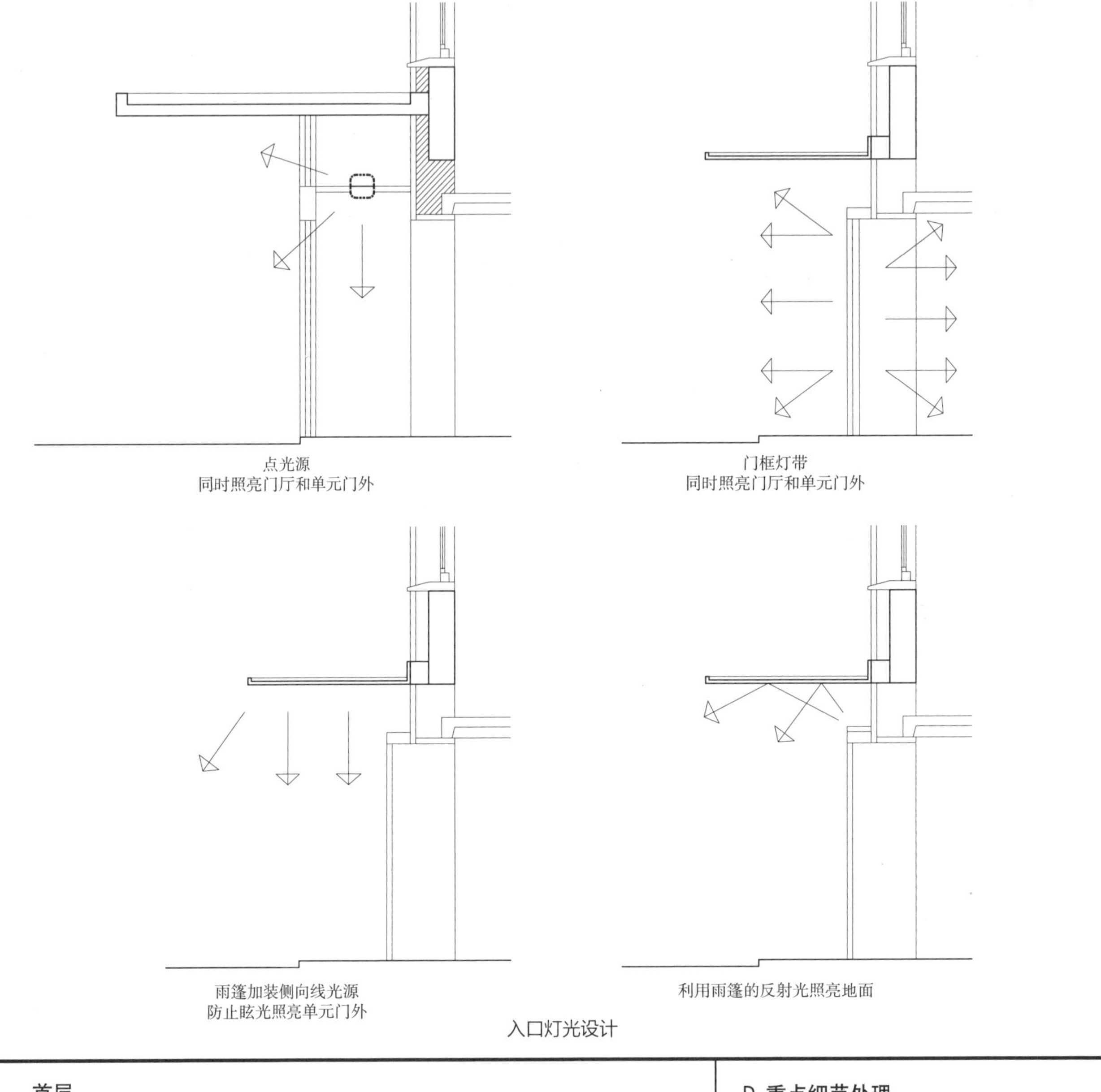

入口灯光设计

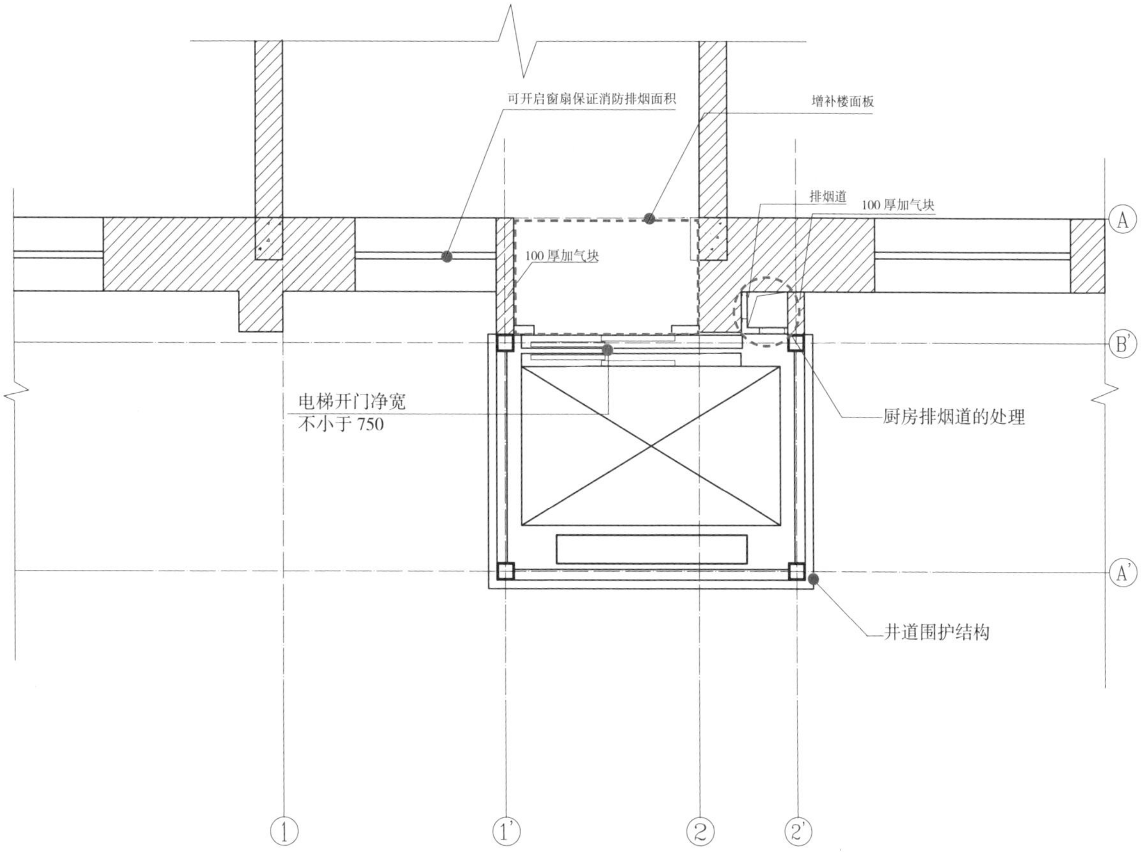

可开启窗扇保证消防排烟面积

增补楼面板

排烟道

100 厚加气块

100 厚加气块

A

B'

电梯开门净宽
不小于 750

厨房排烟道的处理

A'

井道围护结构

1 1' 2 2'

标准层平面大样图

要点说明

电梯停靠标准层的设计除业已确定的电梯井道位置、开门宽度之外，需特别注意井道与原有楼梯的连接部位：休息平台至井道边沿需增补小块楼板，其面层要尽可能与原楼体休息平台做平；井道与原住户外墙重叠的部分，要注意封堵方式和位置，不能影响原居室户内的使用，如厨房排烟等。楼梯间内剩余外墙面，要在不影响结构圈梁等的前提下修改开窗位置，其可开启窗扇应保证消防排烟的面积要求。

要点说明

当楼梯两侧紧邻房间为厨房时，有些用户在使用中自行在外墙加设烟道排风孔。贴建加梯井道外围距原墙体仍会有 15~20cm 的距离，可以利用这一距离避让排风孔，或封堵外侧形成新的排风道。

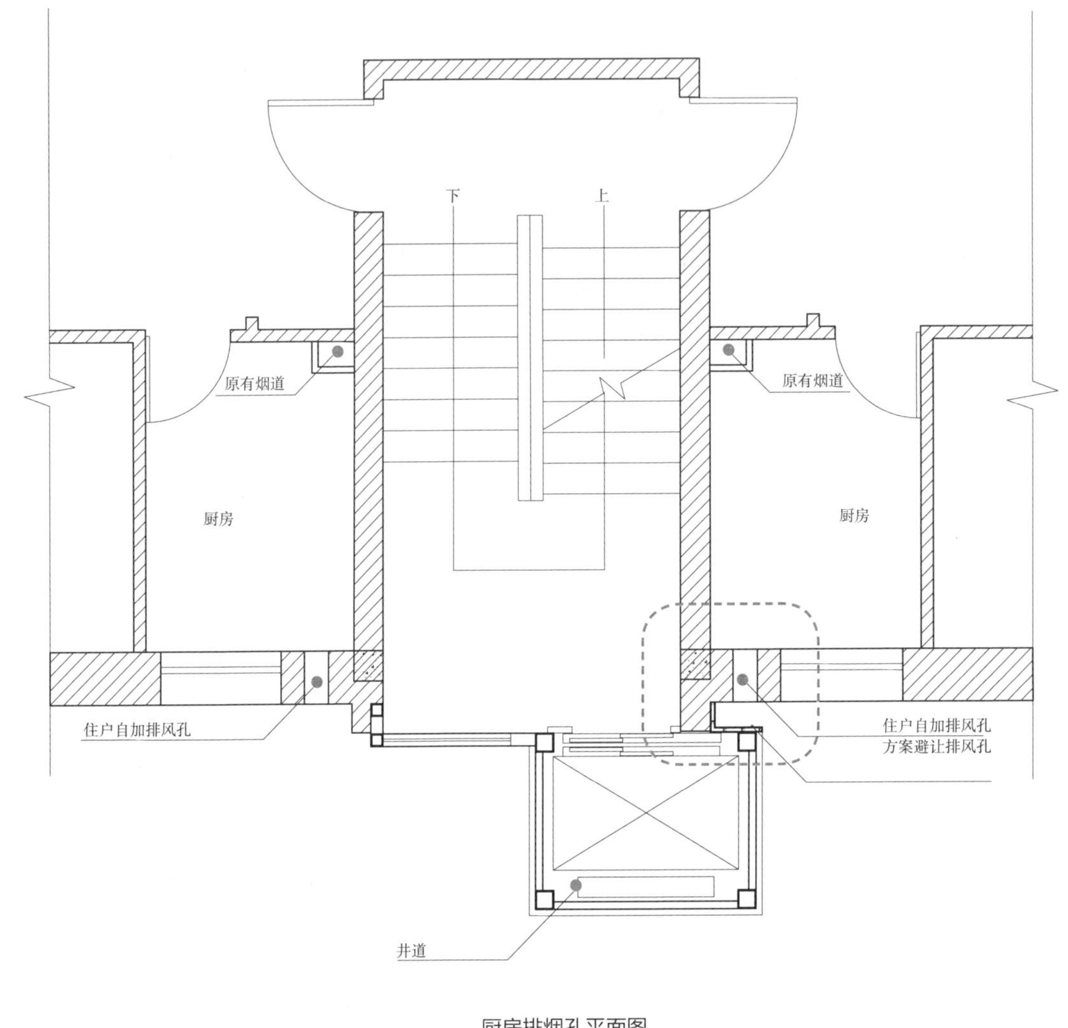

厨房排烟孔平面图

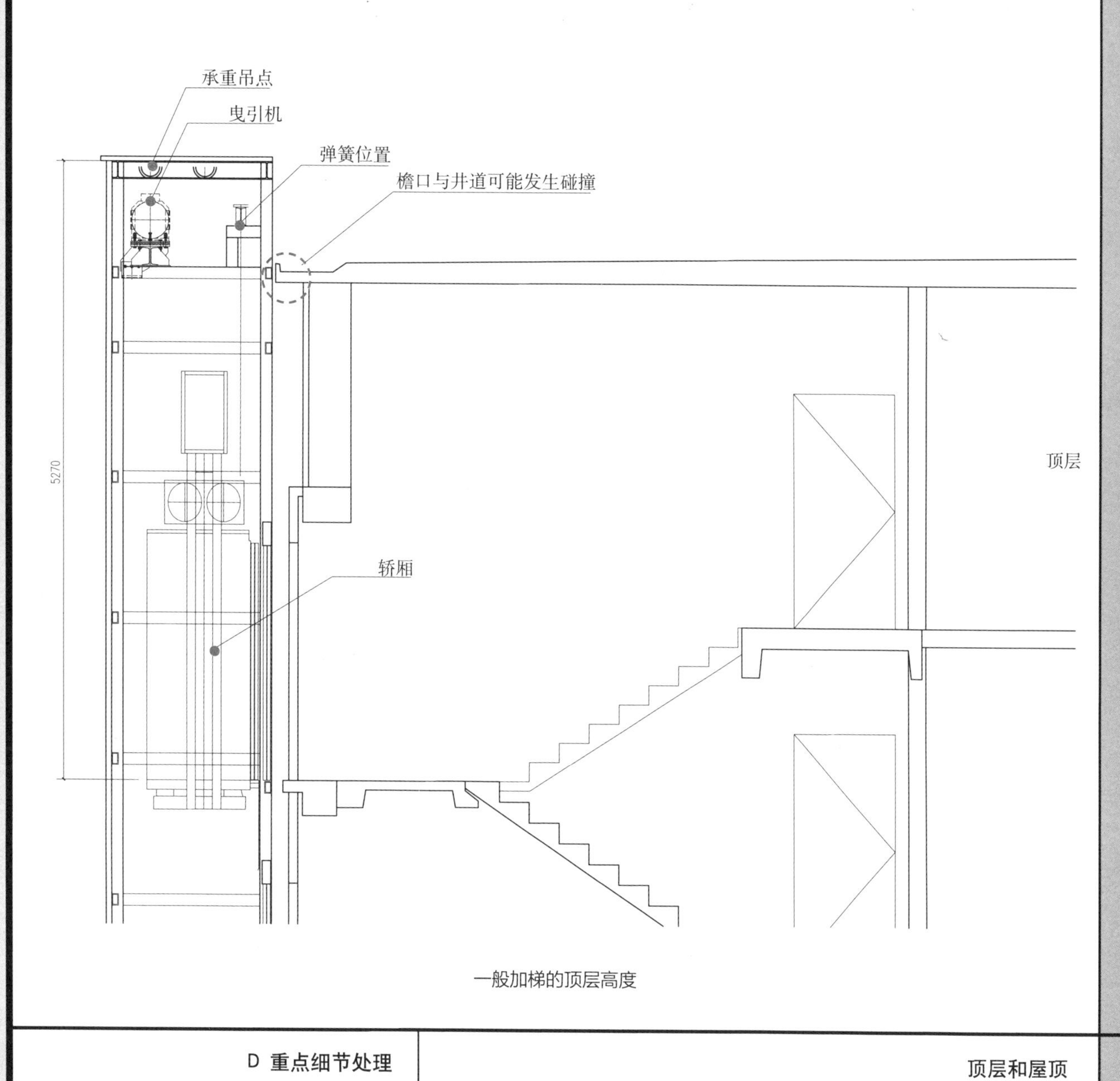

一般加梯的顶层高度

要点说明

对于顶层和屋顶，最重要的是处理好井道顶部与原有檐口的关系。

既有住宅的檐口有时会向外挑出。当梯井靠近楼体时，井道顶部与檐口很可能相撞，有两种处理思路：

（1）改造楼体檐口，将檐口局部切除；

（2）调整井道顶部，将顶部高度降低至原有檐口之下。

楼体檐口的改造很可能破坏楼顶防水，一旦破坏很难修复，优先考虑井道顶部的调整。

要点说明

降低井道顶部高度，是最直接有效的调整方式。井道的顶部高度指的是从最高停靠层平台到井道顶盖的距离，主要包括三部分：轿厢高度、顶部安全高度、机房高度。顶部设备主要有以下三个：主机、弹簧和控制柜。控制柜最大也最复杂，平时需要人员调试维修，旁边需留有空间。

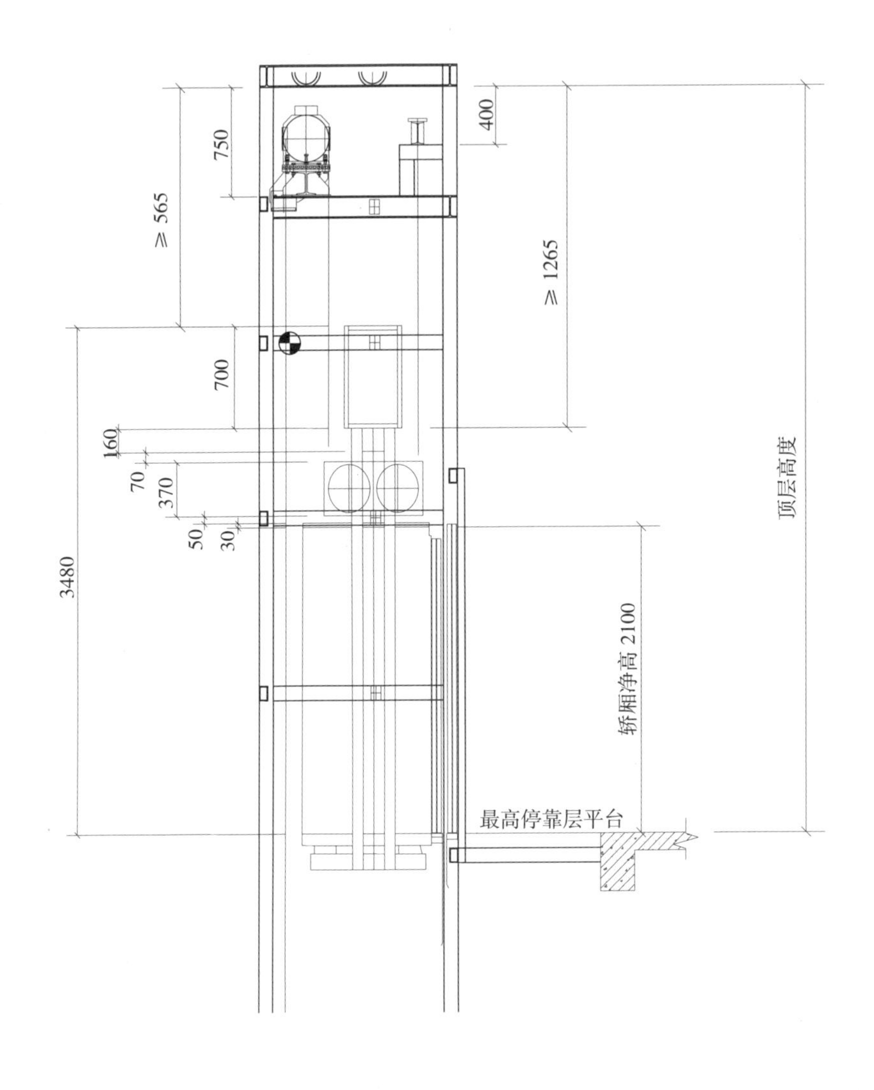

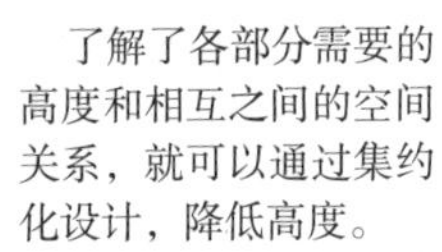

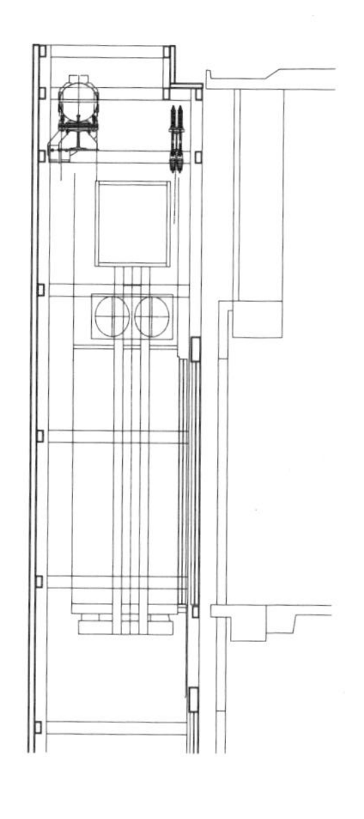

步骤① 初步降低井道高度

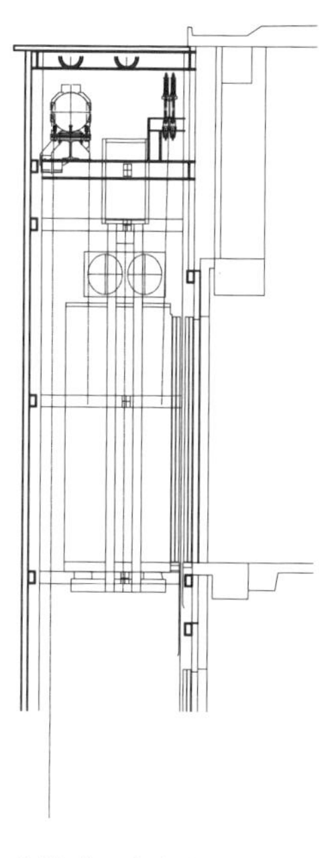

步骤② 将检验平台变小
缩小所需的安全空间
进一步降低高度

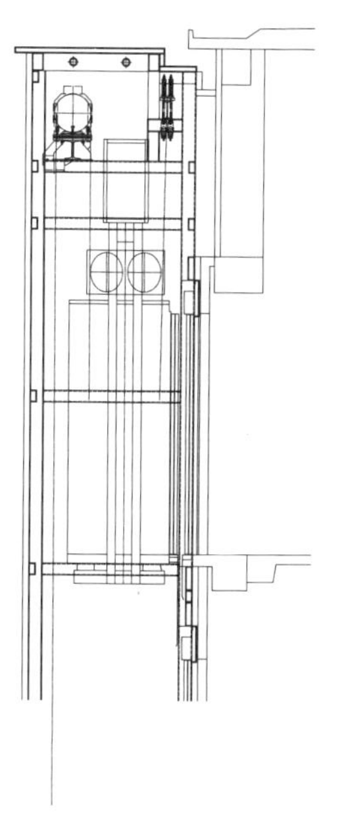

步骤③ 将弹簧上方的顶部局部降低

要点说明

可综合使用以下方法减小梯井顶层高度：

（1）使用无机房电梯。不单独设置机房，将机房内的设备布置在井道中；

（2）降低轿厢高度。电梯规范要求轿厢内部净高不能小于2m；

（3）核对顶部安全范围。缩小检验平台的平面尺寸，减小了所需要的顶部范围，进一步缩小了空间；

（4）核对各个顶部设备所需的不同高度。为节省井道空间，可将控制柜设置在楼梯间内。主机位于配重块上方，弹簧位于轿厢上方。主机所需高度大于弹簧所需高度。

明确维修及冲顶空间，将弹簧布置在靠近楼体的一侧，可进一步降低檐口下方的顶部高度，使顶部形成台阶形，躲避原建筑檐口。

要点说明

1. 将检修平台设置在轿厢上梁的上方，以解决轿厢变小后引起的轿顶上方安全空间不足等问题；

2. 采用一体式吊顶，以解决轿厢高度变矮后轿厢立面空间变小等问题。

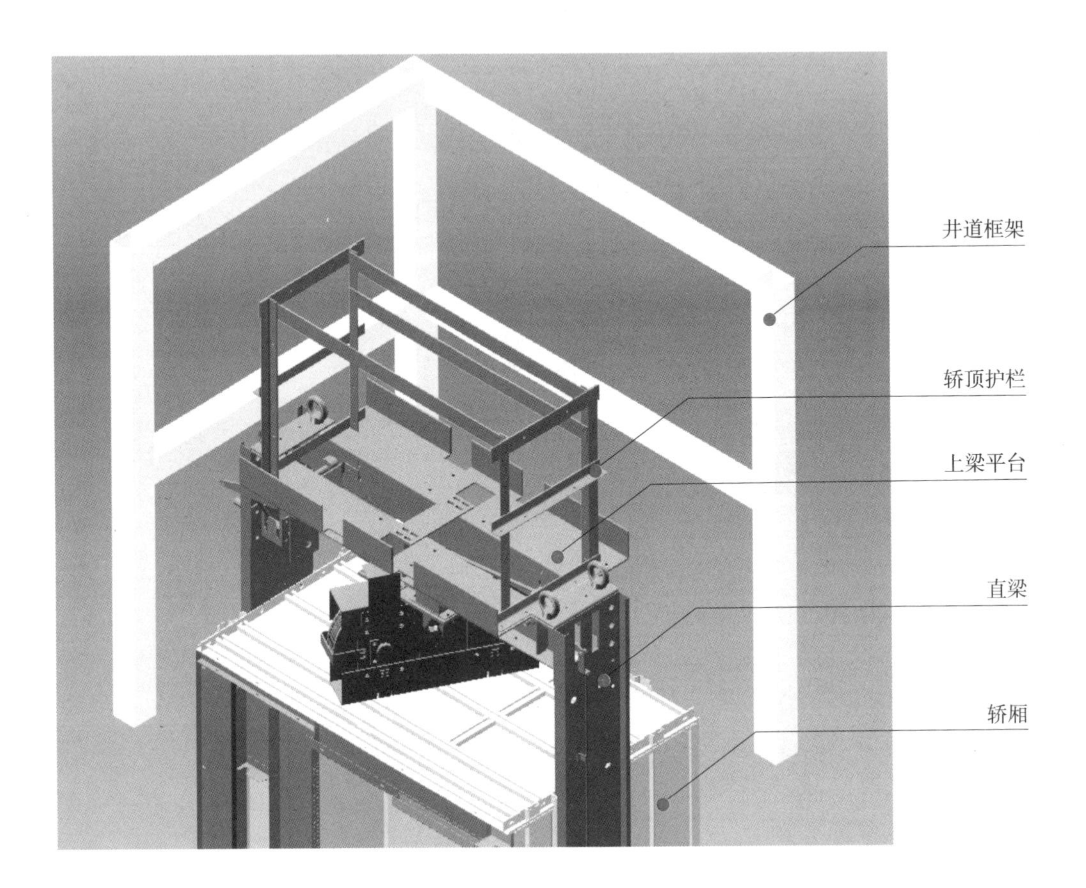

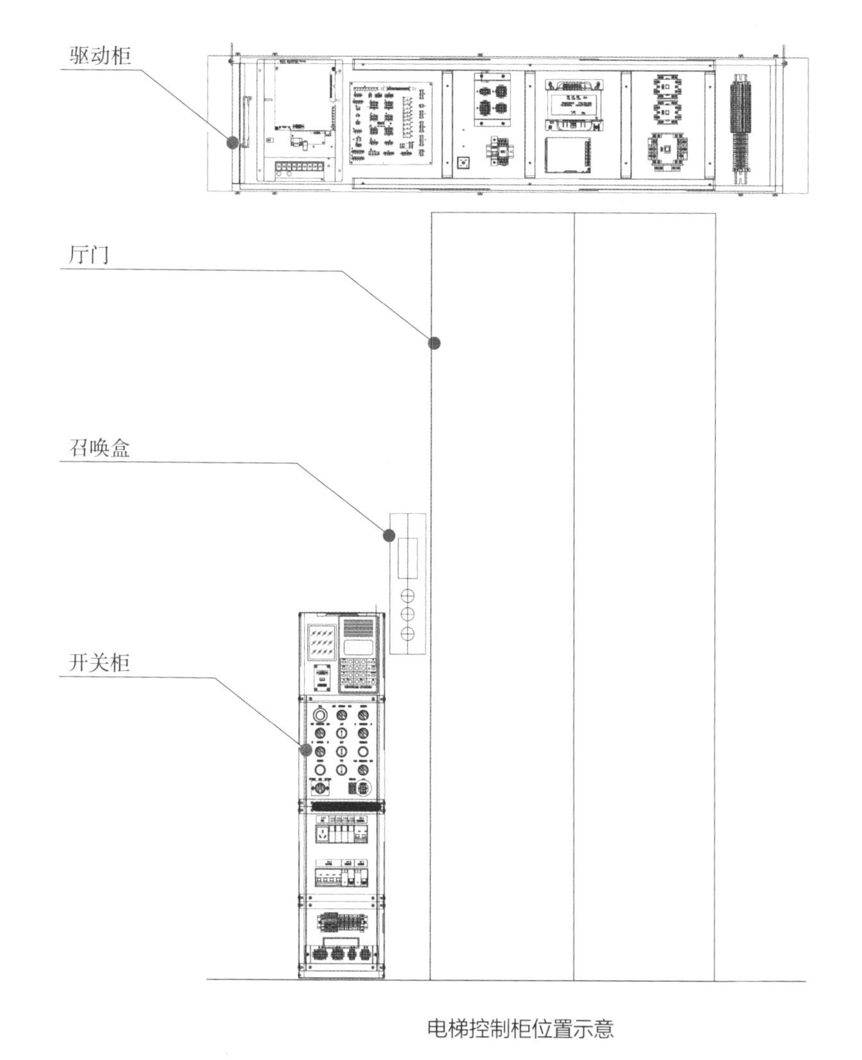

电梯控制柜位置示意

要点说明

1. 开关柜布置在顶层门洞侧面，方便操作；

2. 驱动柜布置在顶层门洞上方，节省空间；

3. 采用无噪声接触器，降低电梯运行噪声。

要点说明

电梯井道顶部排水应为有组织排水。在台阶形顶部处理的前提下，两阶屋顶都需考虑合理的排水方案。

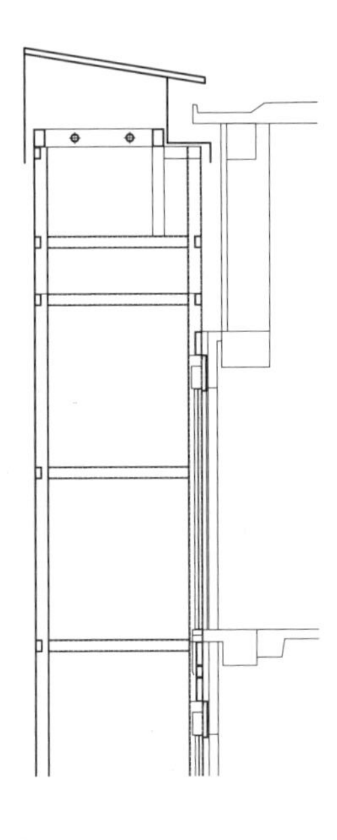

方案① 向原有楼顶排水
顶部浪费较多空间

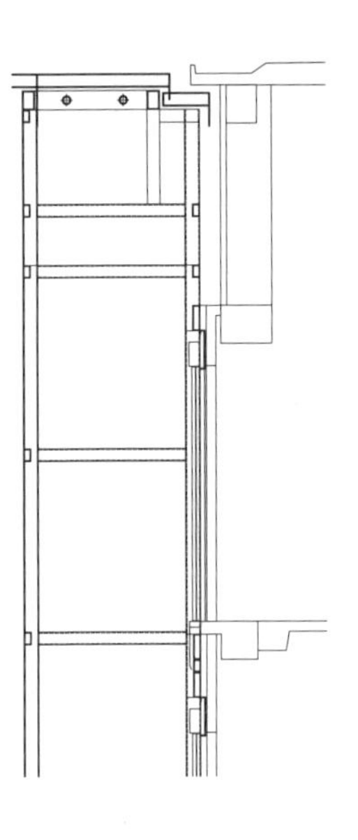

方案② 平顶自组织排水
上顶翻边较高，可能碰到檐口

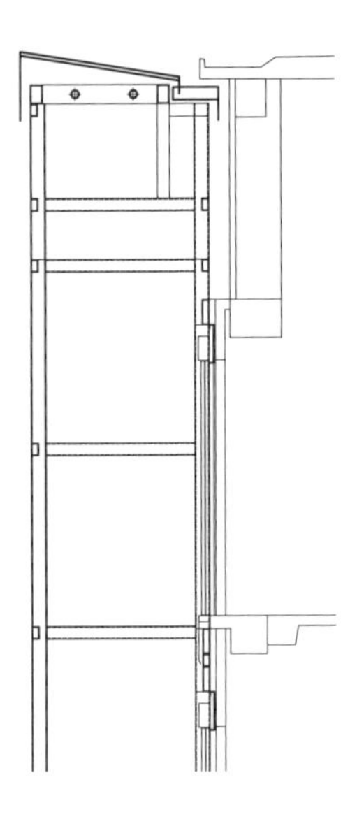

方案③ 坡顶自组织排水
躲开檐口，并获得一部分顶下空间

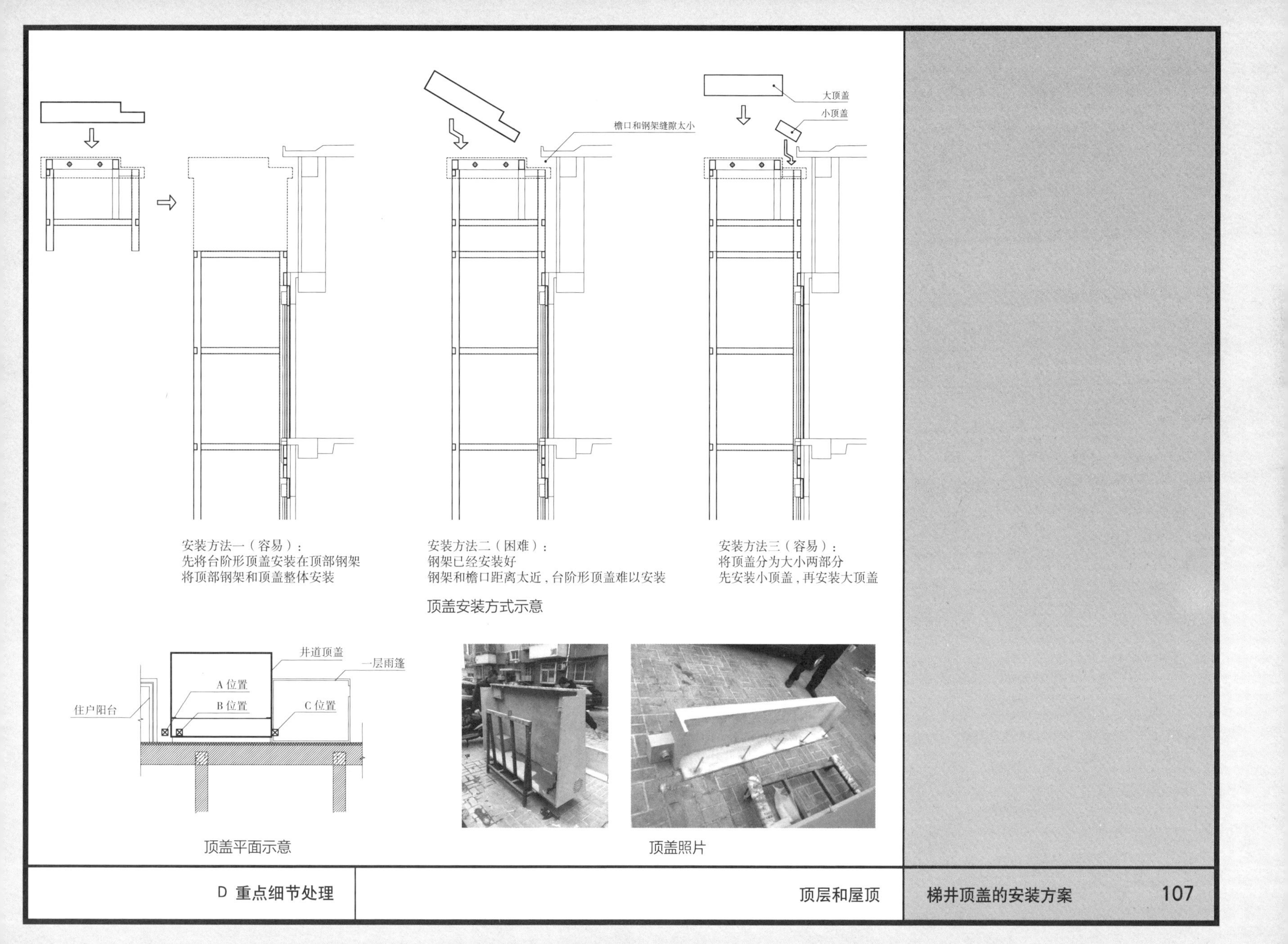

顶盖安装方式示意

顶盖平面示意

顶盖照片

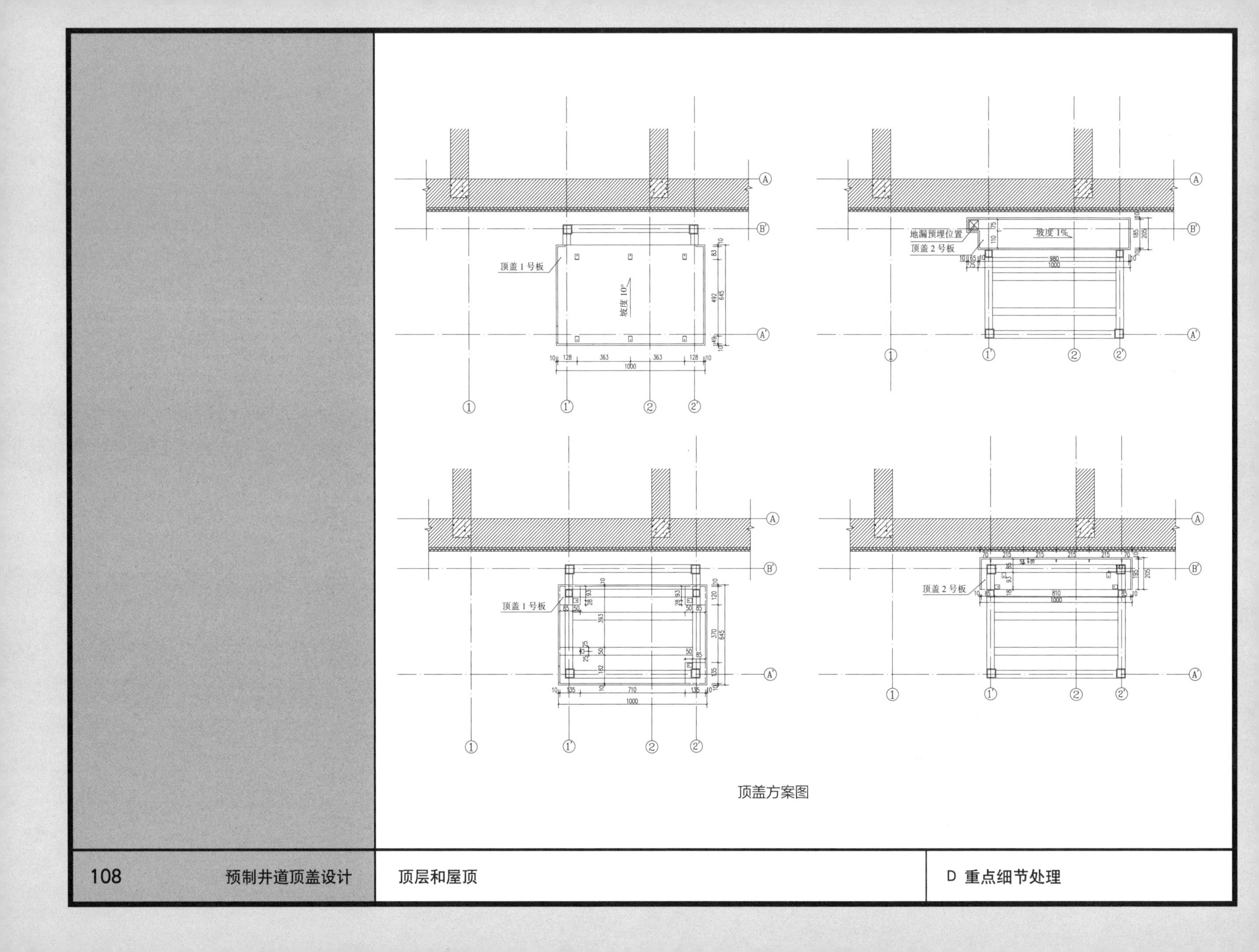

顶盖方案图

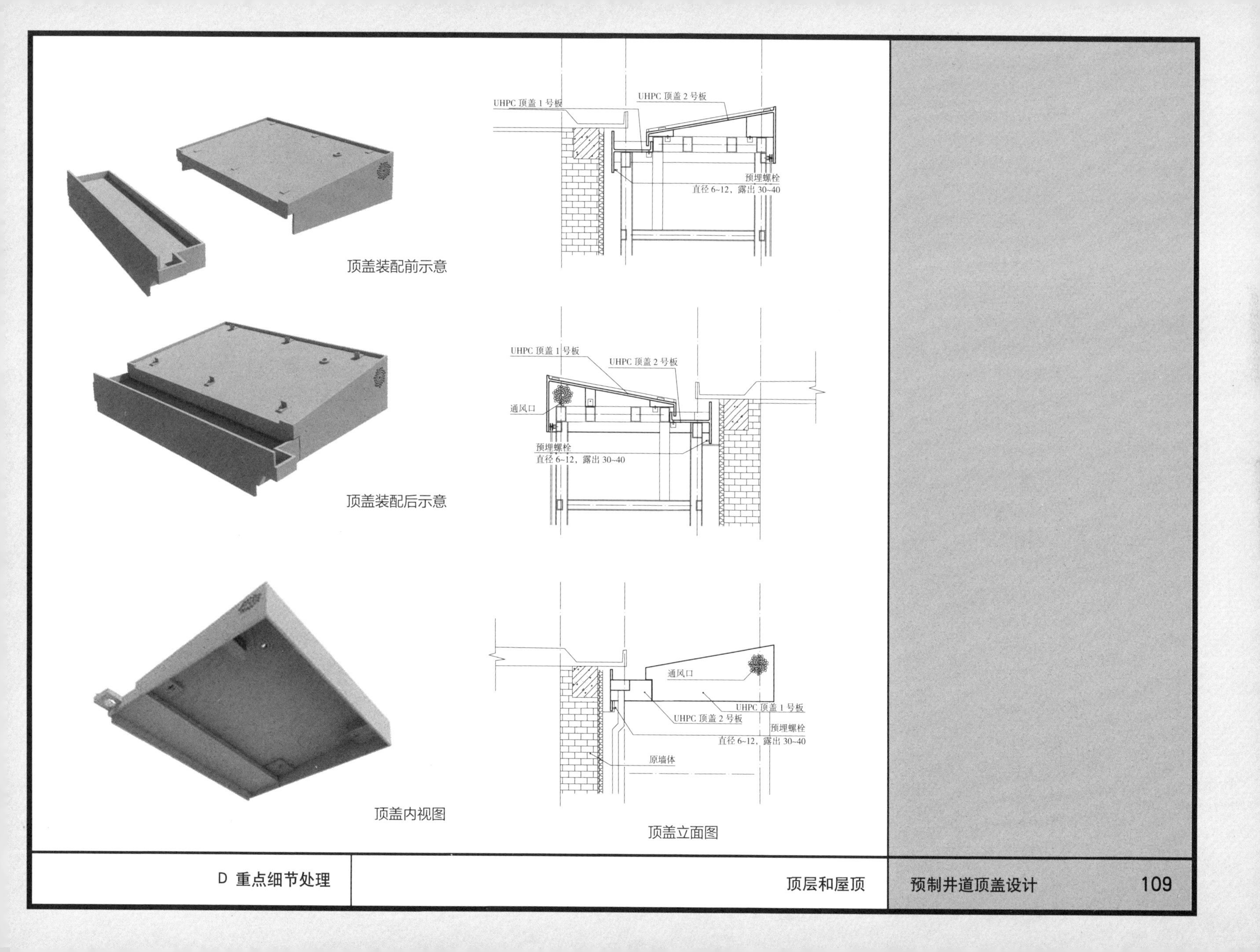

顶盖装配前示意

顶盖装配后示意

顶盖内视图

顶盖立面图

要点说明

为了应对夏日井道内过热，可在顶部侧方设计细小缝隙以利于热空气的排出。

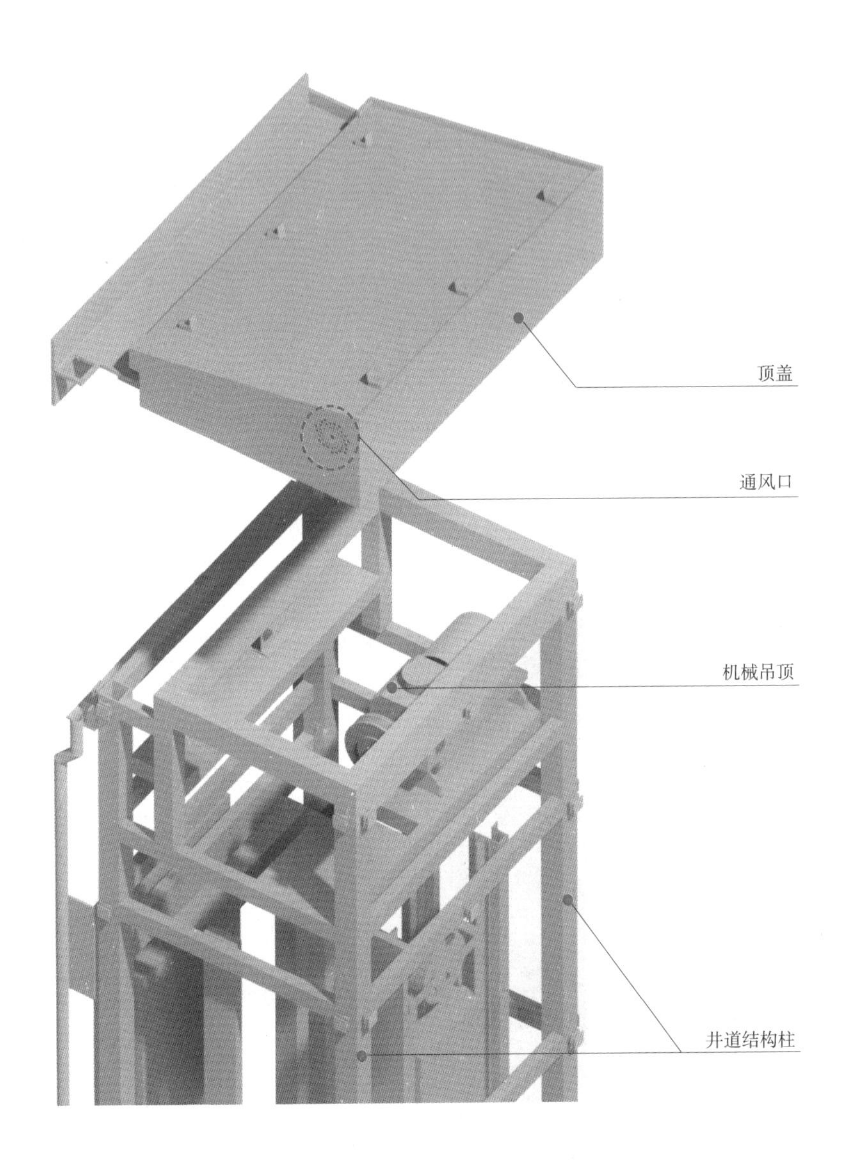

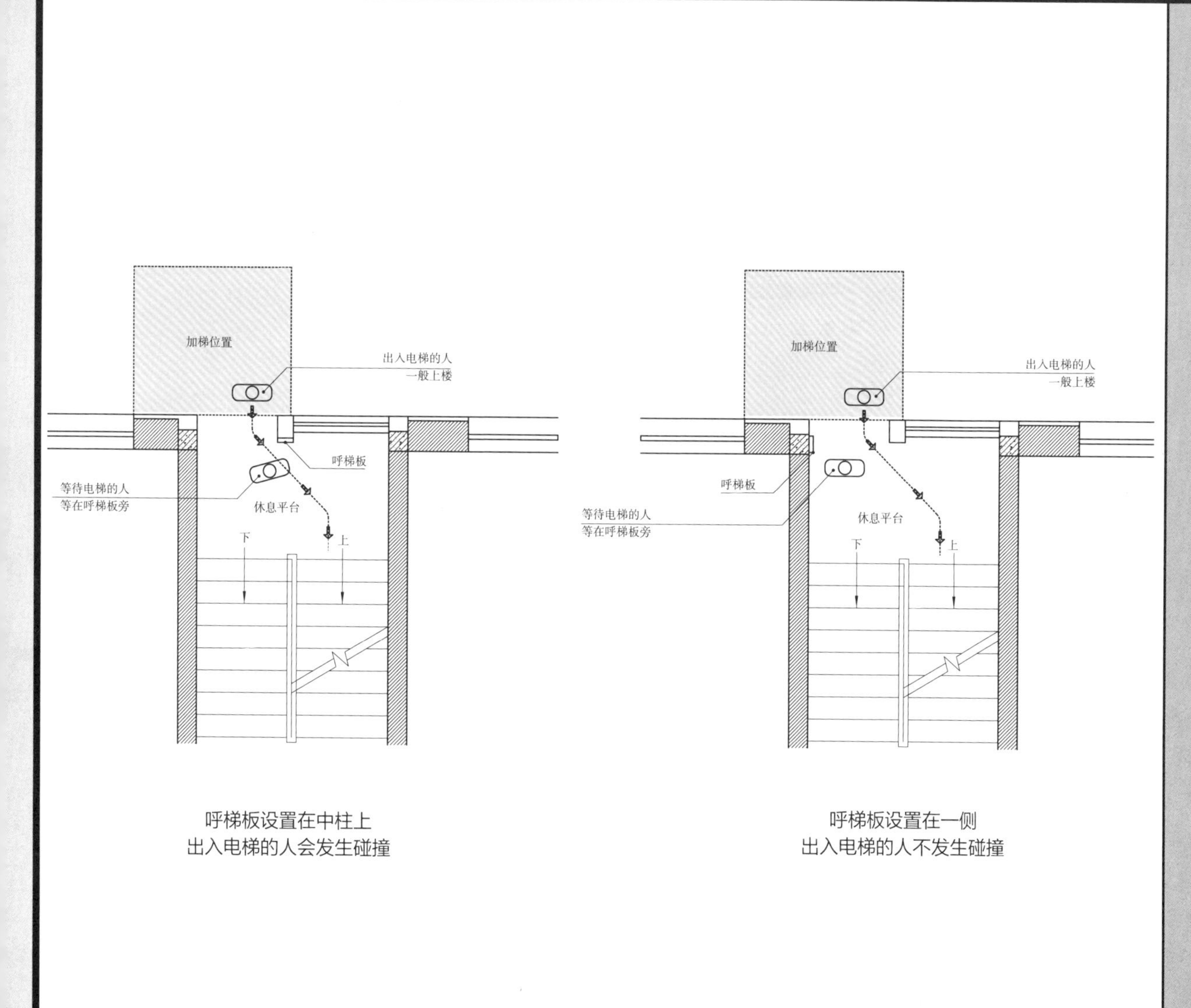

呼梯板设置在中柱上
出入电梯的人会发生碰撞

呼梯板设置在一侧
出入电梯的人不发生碰撞

要点说明

虽然错层贴建式极小化电梯不能满足轮椅老人独立使用电梯的无障碍要求，但仍应充分考虑老年人使用的身体和心理特点。

候梯平台的适老化主要包括呼梯板位置、座位、扶手和灯光等。

呼梯板位置设置应充分考虑使用者行为流线，尽可能避免交叉碰撞。

要点说明

在候梯平台设置适当的座椅或可倚靠的扶手，可以让老人在候梯时节省气力。但休息设施的设置不得占用楼梯的疏散宽度。

当改造中外墙有外扩、空间较富余时，可安置座椅。过低的座椅不便于老年人起身，加设座椅的高度以450mm为宜。设置时还需考虑防止踩踏、加设外窗防护栏杆，提高开启扇等。

当外墙不做大面积拆改时，空间尺寸不够设置座椅，可设置供人倚靠的栏杆。倚靠装置需牢固，当墙面牢固度不足时，可将装置固定在地面上。

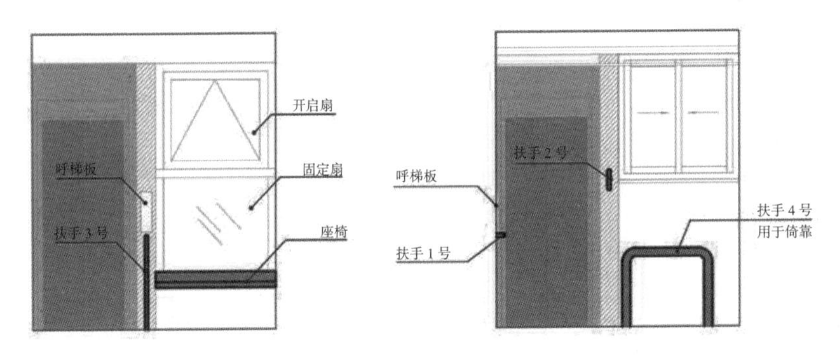

结合外窗的座椅、扶手立面图

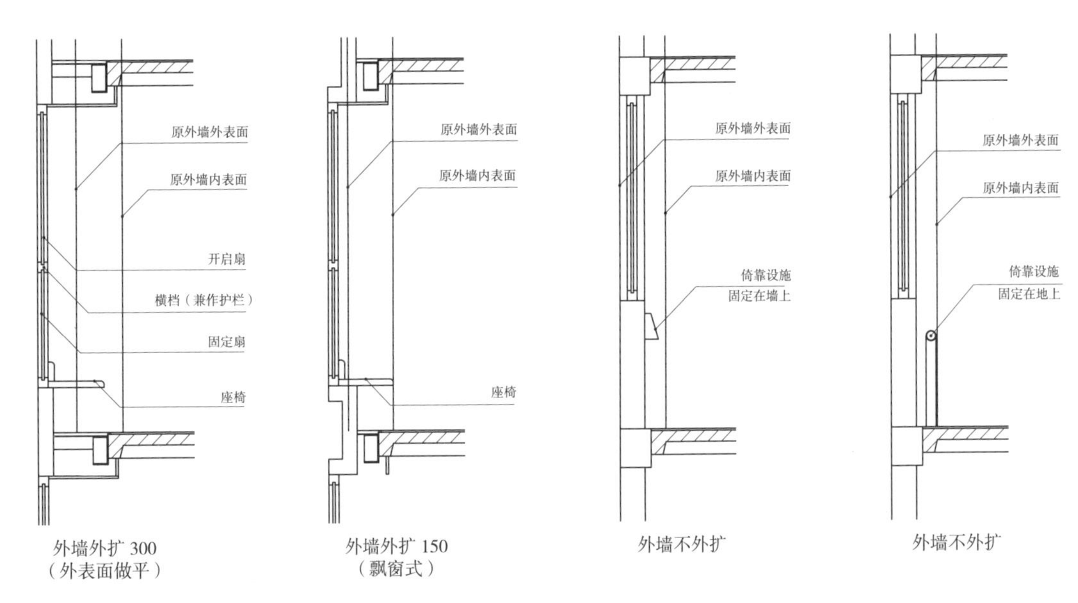

结合外窗的座椅、扶手剖面图

要点说明

候梯平台的扶手有两方面的作用：一是供进出电梯的人抓靠；二是帮助老年人从倚靠等候的休息设施上起身。因此，电梯门两侧均应加设扶手。扶手可与加固梁、加圆柱固定，保证牢固。

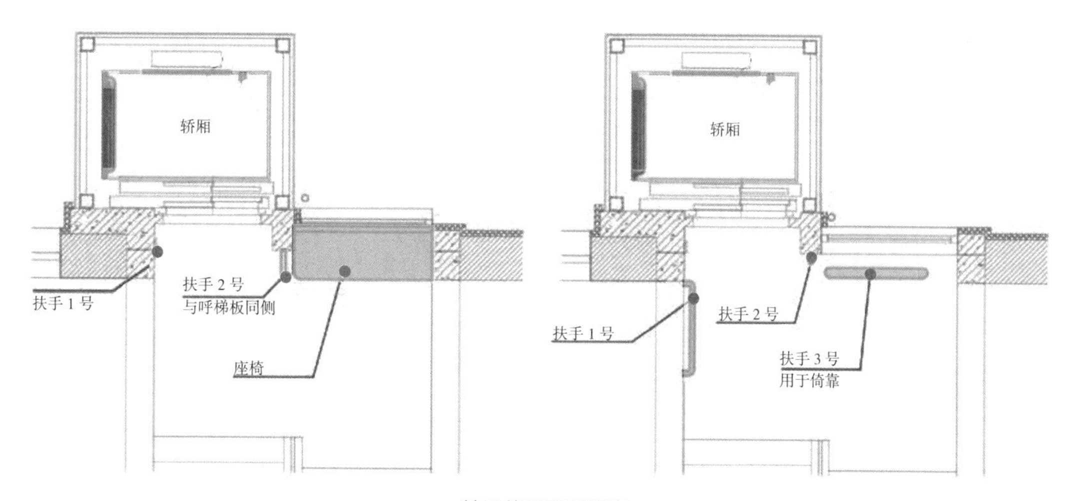

扶手位置平面示意

候梯平台实景照片

要点说明

一般既有住宅休息平台缺少照明。改造为候梯平台时应考虑层门附近的照明光和候梯空间的氛围光。尽可能采用漫反射光投在墙面上，营造温馨的氛围。

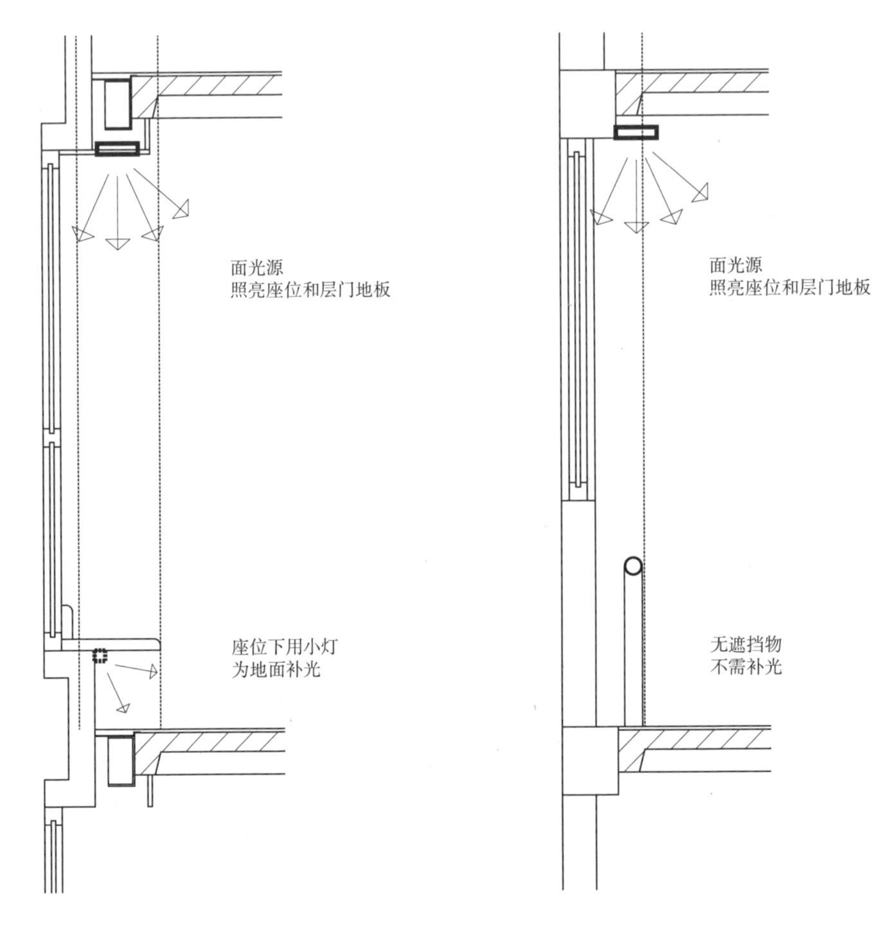

休息平台的灯光设计

市场上已出现了很多随楼梯安装轨道的爬楼机产品，用来解决短距离爬楼问题。在楼梯疏散宽度够的前提下，这是解决错层加梯剩下的“最后半跑”比较理想的方法。加梯改造中应为类似产品预留电源接口，方便后期个别居民个人加装。

图书在版编目（CIP）数据

既有住宅贴建小型化适老电梯设计图集 / 清华大学建筑学院，建研（北京）抗震工程结构设计事务所有限公司编著 . -- 北京 : 中国建筑工业出版社 , 2020.12

ISBN 978-7-112-25554-2

Ⅰ . ①既… Ⅱ . ①清… ②建… Ⅲ . ①电梯－建筑设计－图集 Ⅳ . ① TU857-64

中国版本图书馆 CIP 数据核字 (2020) 第 185876 号

责任编辑：段 宁 张伯熙

责任校对：赵 菲

既有住宅贴建小型化适老电梯设计图集

清华大学建筑学院
建研（北京）抗震工程结构设计事务所有限公司 编著

*

中国建筑工业出版社 出版、发行（北京海淀三里河路9号）

各地新华书店、建筑书店经销

北京市密东印刷有限公司印刷

*

开本：787毫米 × 1092毫米 横1/16 印张：$7\frac{1}{2}$ 字数：202千字

2021年7月第一版 2021年7月第一次印刷

定价：56.00元

ISBN 978-7-112-25554-2

（36546）